高职高专教育"十三五"规划建设教材

中央财政支持高等职业教育动物医学专业建设项目成果教材

禽 内 科 病

（动物医学类专业用）

张　忠　李勇生　主编

中国农业大学出版社

·北京·

内 容 简 介

本教材是以技术技能人才培养为目标,以动物医学专业疾病防治方面的岗位能力需求为导向,坚持适度、够用、实用及学生认知规律和同质化原则,以过程性知识为主、陈述性知识为辅;以实际应用知识和实践操作为主,依据教学内容的同质性和技术技能的相似性,将禽营养代谢病、中毒病、其他内科病等知识和技能列出,进行归类和教学设计。其内容体系分为项目和任务二级结构,每一项目又设"学习目标"、"学习内容"、"案例分析"、"知识拓展"、"考核评价"等教学组织单元,并以任务的形式展开叙述,明确学生通过学习应达到的识记、理解和应用等方面的基本要求。有些项目的相关理论知识或实践技能,可通过扫描二维码、技能训练、知识拓展或知识链接等形式学习,为实现课程的教学目标和提高学生学习的效果奠定良好的基础。

本教材文字精练,图文并茂,通俗易懂,运用新媒体——扫描二维码,现代职教特色鲜明,既可作为教师和学生开展"校企合作、工学结合"人才培养模式的特色教材,又可作为企业技术人员的培训教材,还可作为广大畜牧兽医工作者短期培训、技术服务和继续学习的参考用书。

图书在版编目(CIP)数据

禽内科病 / 张忠,李勇生主编. — 北京:中国农业大学出版社,2016.3
ISBN 978-7-5655-1512-5

Ⅰ.①禽… Ⅱ.①张…②李… Ⅲ.①禽病-内科学-高等学校-教材 Ⅳ.①S858.3

中国版本图书馆 CIP 数据核字(2016)第 027665 号

书　名	禽内科病
作　者	张　忠　李勇生　主编
策划编辑　康昊婷　伍　斌	责任编辑　冯雪梅
封面设计　郑　川	责任校对　王晓凤
出版发行　中国农业大学出版社	
社　址　北京市海淀区圆明园西路 2 号	邮政编码　100193
电　话　发行部 010-62818525,8625	读者服务部 010-62732336
编辑部 010-62732617,2618	出　版　部 010-62733440
网　址　http://www.cau.edu.cn/caup	E-mail cbsszs @ cau.edu.cn
经　销　新华书店	
印　刷　涿州市星河印刷有限公司	
版　次　2016 年 3 月第 1 版　　2016 年 3 月第 1 次印刷	
规　格　787×1 092　　16 开本　　8.75 印张　　215 千字	
定　价　20.00 元	

C 编审人员
ONTRIBUTORS

主　编　张　忠（甘肃畜牧工程职业技术学院）

　　　　李勇生（甘肃省动物疫病预防控制中心）

参　编　（以姓氏笔画为序）

　　　　王延寿（甘肃畜牧工程职业技术学院）

　　　　赵秋霞（甘肃农业职业技术学院）

审　稿　王冶仓（甘肃畜牧工程职业技术学院）

　　为了认真贯彻落实国发[2014]19号《国务院关于加快发展现代职业教育的决定》、教职成[2015]6号《教育部关于深化职业教育教学改革全面提高人才培养质量的若干意见》、《高等职业教育创新发展行动计划(2015—2018)》等文件精神,切实做到专业设置与产业需求对接、课程内容与职业标准对接、教学过程与生产过程对接、毕业证书与职业资格证书对接、职业教育与终身学习对接,自2012年以来,甘肃畜牧工程职业技术学院动物医学专业在中央财政支持的基础上,积极开展提升专业服务产业发展能力项目研究。项目组在大量理论研究和实践探索的基础上,制定了动物医学专业人才培养方案和课程标准,开发了动物医学专业群职业岗位培训教材和相关教学资源库。其中,高等职业学校提升专业服务产业发展能力项目——动物医学省级特色专业建设于2014年3月由甘肃畜牧工程职业技术学院学术委员会鉴定验收,此项目旨在创新人才培养模式与体制机制,推进专业与课程建设,加强师资队伍建设和实验实训条件建设,推进招生就业和继续教育工作,提升科技创新与社会服务水平,加强教材建设,全面提高人才培养质量,完善高职院校"产教融合、校企合作、工学结合、知行合一"的人才培养机制。为了充分发挥该项目成果的示范带动作用,甘肃畜牧工程职业技术学院委托中国农业大学出版社,依据教育部《高等职业学校专业教学标准(试行)》,以项目研究成果为基础,组织学校专业教师和企业技术专家,并联系相关兄弟院校教师参与,编写了动物医学专业建设项目成果系列教材,期望为技术技能人才培养提供支撑。

　　本套教材专业基础课以技术技能人才培养为目标,以动物医学专业群的岗位能力需求为导向,坚持适度、够用、实用及学生认知规律和同质化原则,以模块→项目→任务为主线,设"学习目标"、"学习内容"、"学习要求"三个教学组织单元,并以任务的形式展开叙述,明确学生通过学习应达到的识记、理解和应用等方面的基本要求。其中,识记是指学习后应当记住的内容,包括概念、原则、方法等,这是最低层次的要求;理解是指在识记的基础上,全面把握基本概念、基本原则、基本方法,并能以自己的语言阐述,能够说明与相关问题的区别及联系,这是较高层次的要求;应用是指能够运用所学的知识分析、解决涉及动物生产中的一般问题,包括简单应用和综合应用。有些项目的相关理论知识或实践技能,可通过扫描二维码、技能训练、知识拓展或知识链接等形式学习,为实现课程的教学目标和提高学生的学习效果奠定基础。

　　本套教材专业课以"职业岗位所遵循的行业标准和技术规范"为原则,以生产过程和岗位任务为主线,设计学习目标、学习内容、案例分析、考核评价和知识拓展等教学组织单元,尽可能开展"教、学、做"一体化教学,以体现"教学内容职业化、能力训练岗位化、教学环境企

前　言

1

业化"特色。

　　本套教材建设由甘肃畜牧工程职业技术学院王治仓教授和康程周副教授主持,其中杨孝列、郭全奎担任《畜牧基础》主编;尚学俭、敬淑燕担任《动物解剖生理》主编;黄爱芳、祝艳华担任《动物病理》主编;冯志华担任《动物药理与毒理》主编;杨红梅担任《动物微生物》主编;康程周、王治仓担任《动物诊疗技术》主编;李宗财、宋世斌担任《牛内科病》主编;王延寿担任《猪内科病》主编;张忠、李勇生担任《禽内科病》主编;高敬贤、王立斌担任《动物外产科病》主编;贾志江担任《动物传染病》主编;刘娣琴担任《动物传染病实训图解》主编;张进隆、任作宝担任《动物寄生虫病》主编;祝艳华担任《动物防疫与检疫》主编;王选慧担任《兽医卫生检验》主编;刘根新、李海前担任《中兽医学》主编;李海前、刘根新担任《兽医中药学》主编;王学明、车清明担任《畜禽饲料添加剂及使用技术》主编;李和国担任《畜禽生产》主编;田启会、王立斌担任《犬猫疾病诊断与防治》主编;李宝明、车清明担任《畜牧兽医法规与行政执法》主编。本套教材内容渗透了动物医学专业方面的行业标准和技术规范,文字精练,图文并茂,通俗易懂,并以微信二维码的形式,提供了丰富的教学信息资源,编写形式新颖、职教特色明显,既可作为教师和学生开展"校企合作、工学结合"人才培养模式的特色教材,又可作为企业技术人员的培训教材,还可作为广大畜牧兽医工作者短期培训、技术服务和继续学习的参考用书。

　　《禽内科病》的编写分工为:绪论、附录部分和项目一由张忠编写,项目二由李勇生编写,项目三由王延寿、赵秋霞编写。全书由张忠、李勇生修改定稿。

　　承蒙甘肃畜牧工程职业技术学院王治仓教授对本教材进行了认真审定,并提出了宝贵的意见。本书编写过程中得到编写人员所在学校的大力支持,在此一并表示感谢。作者参考著作的有关资料,不再一一述及,谨对所有作者表示衷心的感谢!

　　由于编者初次尝试"专业建设项目成果"系列教材开发,时间仓促,水平有限,书中错误和不妥之处在所难免,敬请同行、专家批评指正。

编写组

2015 年 12 月

C目录
CONTENTS

目 录

绪　论

▶ 一、课程简介

"禽内科病"是从事家禽疾病诊治工作人员需要学习和掌握的基本知识和基本理论,是推动家禽疾病防治不断发展的重要理论基础和技术指南,是动物医学类专业重要的专业课,它包括禽的营养代谢病、禽的中毒病及禽的其他内科病三大部分。

"禽内科病"主要阐述禽的营养代谢病、中毒病及其他内科病的病因、临床症状、病理变化、诊断及防治措施等,为家禽疾病防治提供理论依据。禽内科病的防治在禽生产中起着重要作用,与禽传染病的防治共同决定禽的健康生长,关系着养禽业的兴衰成败。提高禽的生产性能,除加强饲养管理外,在很大程度上取决于疾病的防治,禽病的预防控制工作不仅是养禽业成败的关键,而且与人类生活、健康关系密不可分。

学习"禽内科病"的最终目的是了解禽内科病的病因、发病特点,掌握其症状、诊断及防治措施,有效预防控制禽内科病的发生,为提高禽生产性能,保障养禽业健康发展奠定基础。

▶ 二、课程性质

"禽内科病"是动物医学类专业及其相关专业的专业课,具有较强的理论性和实践性。一方面,介绍了禽内科病的引发原因、发病规律,基于畜牧兽医专业的职业活动、应职岗位需求,培养学生对禽内科病预防控制的专业能力,同时注重学生职业素质的培养。另一方面,作为专业课,它所阐述的基本理论与方法对其他更多疾病的防治具有指导意义,能为其他专业课程的学习和毕业后从事畜牧兽医工作奠定扎实的理论基础。

▶ 三、课程内容

本课程内容的编写是以技术技能人才培养为目标,以畜牧兽医专业动物疾病防治方面的岗位能力需求为导向,坚持适度、够用、实用及学生认知规律和同质化原则,以过程性知识为主、陈述性知识为辅。

本课程内容排序尽量按照学习过程中学生认知心理顺序,与专业所对应的典型职业工作顺序,或对实际的动物疾病防治来分类序化知识,将陈述性知识与过程性知识整合、理论知识与实践知识整合,意味着适度、够用、实用的陈述性知识总量没有变化,而使这类知识在课程中的排序方式发生了变化,课程内容不再是静态学科体系显性理论知识的复制与再现,而是着眼于动态行动体系的隐性知识生成与构建,更符合职业教育课程开发的全新理念。

本课程内容以实际应用知识和实践操作为主,删去了实践中应用性不强的理论知识,将疾病防治的相关知识和关键技能列出,依据教学内容的同质性和技术技能的相似性,进行归类和教学设计,划分为3个项目、57个任务,即:

项目一　营养代谢病

　　任务一　痛风

　　任务二　脂肪肝综合征

　　任务三　啄癖

禽内科病

绪论

项目三　其他内科病

　　每一项目又设"学习目标"、"学习内容"、"案例分析"、"知识拓展"、"考核评价"等教学组织单元,并以任务的形式展开叙述,明确学生通过学习应达到的识记、理解和应用等方面的基本要求;有些项目的相关理论知识或实践技能,可通过扫描、技能训练、知识拓展或知识链接等形式学习。

▶ 四、课程目标

　　掌握家禽疾病防治的基本知识,能够解决养殖生产中的实际问题。使读者达到以下目标:

　　(1)了解禽内科病的一般发病规律,熟悉常用诊疗方法及药物。

　　(2)学习禽内科病的概念、病因,掌握其症状、诊断及防治措施。

　　(3)根据禽生产实际,为各类禽内科病提出科学、有效的预防措施。

　　(4)运用相应的禽内科病防治技术技能,充分发挥养殖者的智慧,提供高品质的动物产品。

　　(5)建立禽内科病发病档案,为提高养殖场经济效益、预防疾病传播提供一定的技术支撑。

Project 1

营养代谢病

➤ **学习目标**

1. 了解禽常见营养代谢病的种类、一般发病特点,熟悉常用的诊断方法及防治药物。
2. 了解禽常见营养代谢病的概念、病因,掌握其临床症状、剖检变化、诊断及防治措施。

任务一 痛风

痛风是体内蛋白质代谢障碍和肾功能障碍所引起的一种营养代谢性疾病。主要特征是尿酸和尿酸盐大量在内脏器官或关节中沉积。

[病因]

尿酸是嘌呤碱在一系列酶的催化作用下被氧化的产物。

（1）饲料中蛋白质含量过高，尤其是添加大量鱼粉，导致产生大量尿酸。日粮中的蛋白质（特别是核蛋白）含量过高（外源性），或体内合成的嘌呤类物经次黄嘌呤和黄嘌呤的转化，以及体内的核酸分解增强（内源性），都可使尿酸产生增多。中毒（如磺胺类药物中毒等）和其他任何引起肾脏的炎症、变性等而使肾功能障碍的因素，都能导致尿酸排泄减少，造成血中尿酸增高。

（2）尿酸盐的溶解度较低，当血中含量过多时，即可沉积于关节、滑膜囊、软骨、皮下结缔组织、肝、肾、脾等处而引起异物反应。炎症部位的酸度增高，可促使尿酸盐的沉积。沉积处的组织受到破坏，结缔组织增生。沉积于关节，可使关节滑膜囊增厚，出现关节畸形或纤维性骨关节僵硬；沉积于肾脏，可使肾小管损伤，或管腔阻塞，严重时引起肾脏萎缩；沉积于泌尿道，可形成泥沙样物或结石。

（3）运动和阳光照射不足，饲料中缺乏充足的维生素 A 和维生素 D，以及某些疾病（鸡白痢、球虫病、肾型传染性支气管炎、盲肠肝炎等），都是本病发生的诱因。

（4）传染病如传染性支气管炎、传染性法氏囊病等引起肾脏损伤。

（5）育雏温度过高或过低、缺水、饲料变质、盐分过高、维生素 A 缺乏、饲料中钙磷过高或比例不当等诱因。

[症状]

（1）内脏痛风最常见，多呈急性经过。患禽开始无明显症状，逐渐表现为精神萎靡，全身性营养障碍，病禽食欲不振，逐渐消瘦、衰弱，贫血，鸡冠萎缩、苍白；蛋鸡产蛋降低或完全停止，有时从肛门排出白色、半液体稀粪（其中含多量尿酸盐）。

（2）泄殖腔松弛，不自主地排白色稀便，污染泄殖腔下部的羽毛。

（3）关节型痛风较少发生，特征是脚趾和腿部关节肿胀，活动软弱无力，瘫痪。

（4）幼雏痛风多发生于出壳后数日至 10 日龄，死亡率为 10%～80%，排白色粪便。

[剖检变化]

（1）心脏、肝脏、腹膜、脾脏及肠系膜等覆盖一层白色尿酸盐，大量蓄积能形成一层白色薄膜被覆于脏器表面，显微镜下尿酸盐呈针状结晶。见彩图 1-1 和彩图 1-2。

（2）肾脏肿大，颜色变浅，表面有尿酸盐沉着所形成的白色斑点。输尿管扩张增粗，管腔内充满石灰样沉积物以及大量白色尿酸盐。见彩图 1-3 至彩图 1-5。

（3）关节表面及关节周围组织中，有多量白色黏稠物质（尿酸盐）沉着，有些关节表面还发生腐烂，严重时关节组织发生溃疡、坏死。见彩图 1-6。

彩图1-1　心脏尿酸盐沉积

彩图1-2　肝脏尿酸盐沉积

彩图1-3　肾脏肿大

彩图1-4　肾脏尿酸盐沉积

彩图1-5　气管尿酸盐沉积

彩图1-6　关节尿酸盐沉积

[防治]

（1）加强饲养管理，合理搭配日粮，保证饲料质量和营养全面，尤其要补充维生素A，控制蛋白质和钙的用量等可减少本病的发生。

（2）加强饲养管理，减少或消除导致痛风的诱发因素。

（3）不宜长期使用或过量使用对肾脏有较大损害的药物及消毒剂，如磺胺类药物、庆大霉素、卡那霉素、链霉素等。

（4）饲料和饮水中添加有利于尿酸盐排出的药物，如立服能（硫酸新霉素可溶性粉），每升饮水中添加1 g，连用3～5 d，可缓解病情。

任务二　脂肪肝综合征

脂肪肝综合征是由于脂肪代谢障碍造成大量脂肪在肝细胞内蓄积而引起的肝脂肪变性，甚至肝破裂，内出血而死亡的一种营养代谢性疾病，故又称为脂肪肝-出血综合征。该病主要发生于笼养蛋鸡，特别是产蛋高峰期易发，导致产蛋鸡生产性能下降，过肥的肉用仔鸡也可发病。其特征是发病前突然麻痹，随后死亡。剖检可见肝、肾苍白肿胀，组织学检查表现脂肪浸润。一般情况下，死亡率不超过6%，但有时可高过20%。该病也可发生于产蛋鸭和鹅。

[病因]

本病的发生主要受遗传因素、营养因素、饲养管理因素及继发因素等多种病因共同作用所致。

1.遗传因素

理论和实践证实，不同品种鸡对脂肪肝综合征的敏感性不同，肉用种鸡比蛋用品种具有更高的发病率,这可能与雌激素代谢增高有关。产蛋鸡在脂肪肝形成过程中,血清中雌二醇含量明显增加。雌激素分泌过多会导致脂肪的生成,失去反馈机制的调节。甲状腺素也可能影响肝脂肪的沉积。体内激素失调,禽类血液中儿茶酚胺、肾上腺素和去甲肾上腺素含量降低,雌激素水平异常升高,可阻碍脂肪的利用,诱发该病。

2. 营养因素

(1)能蛋比　高能量、高蛋白饲料都会转化为脂肪,有研究表明,饲喂大豆、玉米为基础的日粮比饲喂小麦、大豆为基础的日粮,鸡脂肪肝综合征的发病率高,低脂肪、低蛋白日粮中提高脂肪和蛋白质水平或氨基酸含量时,可降低该病的发病率,这都证实了蛋白质脂肪的比例及含量对其发生有一定的影响。

(2)脂肪与糖的比例　来自碳水化合物的能量比来自饲料脂肪中的能量对肝脏的损害更大。鸡肝脂肪变性的差异不仅与饲料种类有关,而且与饲料中的糖和脂肪比例有关。

(3)微量元素与维生素　日粮成分中生物素利用率低是其发生原因。Whitehead 等(1976)发现向缺乏生物素的日粮中添加生物素可显著地降低该病的死亡率。日粮中加一些B 族维生素可以有效降低脂肪肝综合征的死亡率。微量元素缺乏,如锌、铜、硒、锰、铁等的缺乏均可诱发该病,尤其是硒有利于脂蛋白的合成和转运。维生素 C、维生素 E、B 族维生素、锌、铜、硒、锰、铁均可影响自由基的产生,破坏氧化保护机制活性之间的平衡,影响这些过氧化物的清除,从而导致本病的发生。

(4)日粮与日粮类型　以小麦等谷物为基础的日粮与以玉米为基础的日粮相比,会降低脂肪肝综合征的发病率。日粮中不同水平的低钙可增加肝出血,并伴随产蛋量下降,家禽为了满足钙的需求而增加采食量,造成能量和蛋白的摄入过剩。另外,日粮类型也会影响脂肪肝综合征的发病率,如饲喂颗粒料的鸡发病率会升高,以粉碎小麦为基础日粮的雏鸡,会引发脂肪肝综合征。

3. 饲养管理因素

(1)笼养　笼养要比散养发病率高,其原因是笼养鸡活动量小,长期缺乏运动,能量消耗少,使过多的能量转化成脂肪沉积;笼养鸡不能从食物中获得部分所需营养,例如生物素,可能引起脂肪代谢紊乱;笼养鸡体内的沙砾得不到有效的补充,导致肌胃等消化器官机能减弱,进而诱发该病。

(2)应激因素　特别是饲料中生物素含量处于临界水平时,突然中断饲料供给或因捕捉、雷鸣、惊吓、噪声等因素均可促进脂肪肝综合征的发生。尤其是热应激释放的外源性皮质类激素和其他一些糖皮质类固醇可促进葡萄糖异生和加强脂肪的合成,使体内脂肪沉积加快。

(3)环境温度　该病主要发生于高温季节,主要与机体的高水平的肝脂肪沉积相关。病鸡肥胖,高温天气新陈代谢旺盛,血管充分膨胀,易导致肝脏破裂、出血,引起大量死亡。

4. 继发因素

各种可致肝脏损伤的传染病、营养代谢病和中毒病均可诱发脂肪肝综合征。腺病毒感染、病毒性肝炎、禽霍乱等均可造成肝脏机能降低。饲料中有毒物质,如霉败饲料中黄曲霉毒素,镰刀菌 1、2 毒素,可导致严重的损害。油菜副产品产生的芥子酸,也能引起肝脏脂肪变性,同时伴有肝出血。

[发病机理]

1. 脂肪代谢障碍

惊吓、饥饿等应激情况下,由于大量体脂肪发生分解,进入肝内的脂肪酸过多,肝细胞合成的甘油三酯过量,当超过了脂蛋白形成和其转运进入血液的速度时,则出现甘油三酯在细胞内堆积。当鸡体内发生脂肪代谢障碍时,大量脂肪沉积于肝脏引起脂肪变性,发生脂肪肝。

2. 脂蛋白合成障碍

脂肪肝综合征主要发生于母禽,母禽在产蛋期,为了维持生产力(如1个鸡蛋大约含6 g脂肪),肝脏合成脂肪的能力增加,肝脂也相应提高,当饲料中合成胆碱的甲基供体如蛋氨酸等或合成甲基所需的维生素 B_{12}、叶酸等缺乏时,可引起磷脂酰胆碱合成受阻,因而肝细胞不能将甘油三酯合成脂蛋白转运入血,引起甘油三酯在肝细胞内蓄积,造成脂肪过量。或因血浆中乳糜微粒增多,使脂肪通过血液转运时特殊的"包装材料"脂蛋白和磷脂合成不足,使甘油三酯在肝细胞内蓄积,并致肝脏脂肪变性。使肝脏呈淡黄色或淡粉红色,质地变脆。胰抗脂肝因子有抑制糖转变为脂肪或促进磷脂合成的作用,故其缺乏时也可引起脂肪浸润。此外,磷脂缺乏也可能是肝内脂肪蓄积的原因之一。

3. 脂肪利用障碍

在维生素 E 缺乏、肝中毒等一些病理情况下,由于组织细胞内的脂肪水解酶和脂肪酸氧化酶体系活性降低,脂肪酸的 β-氧化受阻,肝细胞对脂肪利用发生障碍,因而引起脂肪在细胞内蓄积。

4. 酶的活性下降

肉鸡发生脂肪肝综合征的重要因素是生物素缺乏。当肉鸡摄入的生物素不能满足需要时,生物素依赖酶的活性就会降低,如与脂肪代谢有关的乙酰辅酶 A 羧化酶和与糖原异生作用有关的丙酮酸羧化酶。前者影响肝、肾的脂肪代谢,使患病鸡肝、肾肿大,肝脂含量增加,脂肪酸成分发生特征性变化,棕榈油酸增加,硬脂酸减少;后者影响肝脏糖原异生作用,导致血糖水平下降,造成中枢神经受损,出现低血糖及麻痹现象,而发生死亡。由于低血糖而动员游离脂肪酸,故造成组织的脂肪浸润。

[症状]

本病病程约数小时。病鸡往往突然发病,初期不愿活动,低头呆立,精神沉郁(彩图1-7)。后伏卧于地面,继而呈半昏迷状态,随即全身麻痹,迅速死亡。有时发生此病的鸡舍里有类似公猫的尿臭。

蛋鸡产蛋率突然下降,甚至停产,或达不到应有的产蛋高峰。过度肥胖,体重一般超重20%～25%,腹部膨大。鸡冠和肉髯肿大、苍白,附有皮屑,笼养鸡比散养鸡发病率高,而且发病危急,很快死亡。死亡率一般不超过5%。本病初期鸡群看似正常,但高产鸡的死亡率突然增高。

急性死亡时,鸡的头部、冠、肉髯和肌肉苍白。体腔内有大量血凝块,包裹在肝脏周围,使肝脏显著增大,色泽变黄,质脆易碎,有油腻感,肝表面有条状破裂区域。腹腔内、内脏周围、肠系膜上有大量的脂肪。死亡鸡正处于产蛋高峰状态,输卵管中常有正在发育的蛋。

彩图 1-7　病鸡
精神沉郁

1. 蛋鸡

高产笼养母鸡多发,多数情况体况良好,产蛋率在 $70\%～85\%$ 易发,蛋鸡达不到产蛋高峰。呈慢性型经过者,食欲减少,精神沉郁,腹部柔软下垂,不愿走动,喜卧,鸡冠、肉髯色淡,甚至发绀或黄染。当拥挤、驱赶、捕捉、产蛋时常发生肝破裂,鸡冠突然发白,头前伸或向背侧弯曲,倒地痉挛而死。

2. 肉鸡

主要见于重型及肥胖的鸡,往往突然暴发。嗜眠、麻痹和突然死亡,多发生于生长良好,10～30 日龄肉仔鸡,病死率一般在 6%,有时高达 30%,有些病例呈现生物素缺乏症的表现,喙周围皮炎,足趾干裂,羽毛生长不良。由于肝外膜破裂,导致内出血而死亡。比正常平均死亡率高 2%～10%。有的鸡心肌变性呈黄白色,有时肾略变黄,脾、心、肠道有大小不等的出血点。

彩图 1-8 脂肪肝

[病理变化]

1. 剖检变化

剖检可见肝脏肿大,表面有出血点、沉积大量脂肪(彩图 1-8),易碎,呈黄褐色;切面有脂肪滴附着,在肝被膜下或腹腔内往往有大的血凝块。腹下、皮下、肾脏和心脏底部、肠管、肌胃可见大量脂肪沉积。输卵管也蓄积大量脂肪,产蛋时必须用力挤压而压迫肿大的肝脏,导致肝破裂和内出血。脂肪组织因毛细血管充血而呈粉红色。部分鸡出现心包积液。肌胃因血管充血而肿胀,表面有渗出物,肌胃和肠道中有时有黑褐色的液体,有时喙部也有液体渗出。十二指肠内容物呈苍白色乳油状。

2. 组织学变化

显微镜下可见肝窦充血肿大,肝细胞出现大小不等的脂肪滴,为甘油三酯,脂肪弥散,分布于整个肝小叶,使肝小叶完全丧失正常的网状(文档 1-1)。未见脂肪变性和炎症反应。肾脏细胞胞浆中出现大量的脂肪滴,支气管上皮细胞和肺泡间隙也发现有脂肪酸。

[诊断]

1. 临床诊断

根据临床症状,剖检变化,病理组织学检查可做出诊断。

2. 实验室检查

有条件的情况下,可结合实验室检查结果进行诊断。

文档 1-1 脂肪肝综合征(实验室检查)

[防治]

1. 治疗

在饲料中添加氯化胆碱 1 g/kg,维生素 E 10 IU/kg,肌醇 1 g/kg,连续饲喂 7 d;或喂服氯化胆碱 0.1～0.2 g/只,连用 10 d。在日粮中添加生物素 0.05～0.10 mg/kg。在日粮中提高蛋白质水平或添加橄榄油和动物脂肪均可在一定程度上减少死亡率。

2. 预防

摄入过高的能量饲料是导致脂肪过度沉积造成脂肪肝的主要原因。日粮应根据不同的品种、产蛋率科学配制，使能量和生产能比控制在合理的范围内。降低饲料代谢能摄入量，如增加一些富含亚油酸的脂肪而减少碳水化合物则可降低本病的发生。饲料中代谢能与蛋白质的比值(ME/P)因温度和产蛋率的不同而不同。高温时，ME/P 降低 10%，低温时增加 10%，产蛋率大于 80%，日粮中蛋能比取 60(16.5%)；产蛋率为 65%～80% 时，取 54 (15%)，产蛋率小于 40%，取 51(14%)。

限制日粮能量水平，保证日粮中有足够的蛋氨酸、胆碱、维生素 E、生物素和微量元素。可补加硫酸铜 63 g，氯化胆碱 550 g，维生素 B_{12} 33 mg，维生素 E550 IU，蛋氨酸 500 g，并将日粮蛋白质提高 1%～2%。在 8 周龄时应严格控制体重，不可过肥，否则超过 8 周龄后难于再控制。

3. 消除诱因，加强饲养管理

合理调整饲养密度，控制禽舍环境温度，降低热应激，减少或避免饲养栏内工人的频繁活动，消除噪声等，鸡群改喂全价日粮，对防止脂肪肝综合征的发生有良好的作用。

任务三　啄癖

啄癖也称异食癖、恶食癖、互啄癖，是多种营养物质缺乏及其代谢障碍所致的非常复杂的味觉异常综合征。各日龄和品种的鸡均可发生，尤以雏鸡发病率最高。轻者啄伤翅膀、尾基，造成流血伤残，影响生长发育和外观；重者啄穿腹腔，拉出内脏，有的半截身体被啄光而致死，给养禽业造成巨大的经济损失。

[病因]

鸡群啄癖发生的原因和机理至今尚未完全清楚。实验和生产实践证明，啄癖的形成与下列因素有关。

1. 品种因素

品种不同啄癖发生率有差异，如土种鸡性情好动，易发生啄斗行为，有资料显示，啄癖的遗传力达 0.57%，表明通过品种改良可减少啄癖的发生。内分泌也会导致啄癖发生，母鸡比公鸡发病率高，开产后 1 周内为多发期，早熟母鸡，比较神经质，易产生啄癖。故施用少量睾酮，可减少啄癖发生。

2. 营养因素

(1)日粮配合不当　日粮中蛋白质含量偏低，赖氨酸、蛋氨酸、亮氨酸、色氨酸和胱氨酸中的一种或几种含量不足或过高，造成日粮中的氨基酸不平衡，粗纤维含量过低，均可导致啄癖发生。

(2)维生素缺乏　当日粮中缺乏维生素 B_2、维生素 B_3 时，可造成机体内氧化还原酶的缺乏，肝内合成尿酸的氧化酶活性下降，因而摄取氨基酸合成蛋白质的机能下降，机体得不到所需的氨基酸和蛋白质，如色氨酸缺乏时，可使鸡体神经紊乱，产生幻觉，信息传递发生障碍，识别力下降，从而易产生啄癖。

(3)矿物质和微量元素缺乏　日粮中缺乏钙、磷或比例失调；锌、硒、锰、铜、碘等微量元素缺乏或比例不当;硫含量缺乏;食盐不足,均可导致啄趾、啄肛、啄羽等恶癖。

(4)粗纤维缺乏 鸡对粗纤维的消化能力很差,尤其是雏鸡,粗纤维过多会导致消化不良,严重时阻塞消化道。但粗纤维缺乏时,肠蠕动不充分,易引起啄羽、啄肛等恶习。通常日粮中粗纤维含量以 2.5%~5.0%为宜;同时日粮应补沙砾,以帮助磨碎饲料,促进消化,2 周龄内用 2 mm 沙砾,以后改用 3~5 mm,每周 2 次,每次每百只喂 500 g,沙砾应清洁卫生。

(5)日粮供应不足 由于日粮供应不足,使鸡处于饥饿状态,为觅食而发生啄食癖。喂料时间间隔太长,鸡感到饥饿,易发生啄羽癖。

(6)饲料霉变 因采食霉变饲料引起鸡的皮炎、瘫痪而导致啄癖。

3. 饲养管理因素

(1)环境因素 如通风不良,有害气体浓度高,光线太强或光线不适宜,温度和湿度不适宜,密度太大和互相拥挤等条件都可引发啄癖。

光线过强易产生啄癖。产蛋初期,强烈光照可使肛门紧缩导致微血管破裂出血,引起啄肛;采用自然光照的高密度鸡群,中午啄癖较多。光照强度以鸡能看到饲料和水即可,过暗看不清饲料和水,影响生长发育和生产性能。夏天应避免阳光直接射入鸡舍,1~2 周龄、生长期和产蛋期的强度各为 23 lx、6 lx、6~12 lx 为宜。光色也影响啄癖的发生,这是因为鸡的眼睛对光色的吸收强度和不同光波的反应不同,鸡的行为表现也有差异。在灯光过亮或黄光、青光下,最易引起啄羽、啄肛和斗殴;灯光较暗或绿光、红光下,鸡群较安定。因此,夏季最好将鸡舍玻璃涂成红色,以减少啄癖的发生。

饲养密度过大,一方面指每只鸡占有的食槽位置大小,另一方面指每平方米所容纳的鸡数。前者影响采食,后者影响空气质量。密度过大易导致空气污浊,引起啄羽、啄肛、啄趾等,鸡群生长发育不整齐。采食和饮水位置不足和随意改变饲喂次数、推迟饲喂时间,也会导致啄斗。

温湿度不适宜、通风不畅易引起啄癖,故保持适宜的温度、湿度和通风很关键。育雏期温度保持在 34~35℃,以后每周降低 2~3℃;相对湿度保持在 60%~70%。产蛋鸡的适宜温度为 13~23℃;相对湿度保持在 55%~65%;舍内定时通风换气,保持空气清新,避免有害气体积聚。

(2)饲养方式 与散养鸡群相比,舍饲或笼养的鸡群,每天供料时间短而集中,使大部分时间处于休闲状态,促使啄癖行为的发生。

(3)外寄生虫 如趾部突变膝螨、鸡羽虱等,可使鸡体自身啄食自体趾部皮肤鳞片和痂皮,发生自啄出血而引起互啄。

(4)继发因素 球虫病、大肠杆菌病、白痢、消化不良等病症可引起啄羽、啄肛。患有慢性肠炎而造成营养吸收差会引起互啄。

4. 其他因素

(1)生理因素 雏鸡在 4 周龄时绒羽换幼羽,11 周龄性器官发育加快,18 周全换为青年羽,并开始换为成年羽。换羽过程中,皮肤发痒,鸡自啄羽毛会诱发群体啄羽行为。19 周龄为第二性征形成旺期,21 周龄即将开产,这些生理变化使鸡精神亢奋,对环境变化极为敏感,尤其在育成期进入产蛋期,免疫、驱虫、选鸡、转群时频繁抓鸡,造成全群紧张,为开产准备而延长光照时间和增加光照强度,育成日粮换为产蛋日粮,这一系列因素的累加,使鸡惊恐不安,啄斗加剧。

（2）应激因素　刚开产的鸡血液中所含的雌激素和孕酮含量高,公鸡雄激素的增长,都是促使啄癖倾向增强的因素。

[症状]

根据啄癖的病因不同,其临床表现分为以下六种。

1. 啄肛癖

啄食肛门,以致肛门受伤、出血,有时连直肠也被啄食掉,在肛门周围形成一个空洞。此类啄癖在幼龄鸡及产蛋鸡较常见。

2. 食肉癖

啄食体表有创伤、体弱有病或已死亡的鸡的肌肉,以致被啄食的鸡最后只剩下羽毛和骨骼,此类型啄癖在各日龄的鸡中均可见到。

3. 食毛癖

家禽互相啄食彼此的羽毛、自身的羽毛或已脱落在地上的羽毛,以致羽毛不整齐或全身无毛。此类啄癖在换羽期或缺乏某些必需的营养成分时较多见。

4. 啄趾癖

鸡与鸡之间互相啄咬彼此的脚趾或自己的脚趾,以致脚趾出血、跛行。雏鸡较常发生此类啄癖。

5. 食蛋癖

有食蛋癖的成年鸡经常啄食产蛋箱内或地面上的蛋,有时母鸡每次都在产蛋后又将产出的蛋啄食掉。

6. 异食癖

病禽反常地啄食一些在正常情况下不采食或少采食的异物,如石子、沙砾、垫料、水泥、石灰、碎砖、粪便等。

[防治]

禽群发生啄癖后,应尽快找出引起啄癖的具体原因并尽快消除,可采取下列措施进行综合防治。

（1）合理搭配日粮。日粮中的氨基酸与维生素的比例为:蛋氨酸＞0.7％,色氨酸＞0.2％,赖氨酸＞1.0％,亮氨酸＞1.4％,胱氨酸＞0.35％,维生素 B_2 2.60 mg/kg,维生素 B_6 3.05 mg/kg,维生素 A 1 200 IU/kg,维生素 D_3 110 IU/kg。如果因营养性因素诱发的啄癖,可暂时调整日粮组合,如育成期可适当降低能量饲料,而提高蛋白质含量,增加点粗纤维。如在饲料中增加蛋氨酸含量,也可使饲料中食盐含量增加到 0.5％～0.7％,连续饲喂 3～5 d,但要保证给予充足清洁的饮水。

（2）若缺乏微量元素铜、铁、锌、锰、硒等,可用相应的硫酸铜、硫酸亚铁、硫酸锌、硫酸锰、亚硒酸钠等补充;常量元素钙、磷不足或不平衡时,可用骨粉、磷酸氢钙、贝壳或石粉进行补充和平衡。

（3）缺乏盐时,可在饲料中加入适量的氯化钠。如果啄癖发生,则可用1％的氯化钠饮水2～3 d,饲料中氯化钠用量达 3％左右,而后迅速降为 0.5％左右以治疗缺盐引起的恶癖。如日粮中鱼粉用量较高,可适当减少食盐用量。

（4）缺乏硫时,可连续 3 d 在饲料中加入 1％ Na_2SO_4 予以治疗,见效后改为 0.1％常规用量。而在蛋鸡日粮中加入 0.4％～0.6％ Na_2SO_4。

(5)定时饲喂日粮,最好用颗粒料代替粉状料,以免造成浪费,且能有效防止因饥饿引起的啄癖。

(6)应在适当时间进行断喙,如有必要可采用二次断喙法,同时饲料中添加维生素 C 和维生素 K 防止应激,这样可有效防止啄癖的发生。

(7)定时驱虫,包括内外寄生虫的驱除,以免发生啄癖后难以治疗。

(8)发生啄癖时,立即将被啄的鸡隔开饲养,伤口上涂抹一层机油、煤油等具有难闻气味的物质,防止此鸡再被啄,也防止该鸡群发生互啄。

(9)改善饲养管理环境。使鸡舍通风良好;饲养密度适中;温度适宜,天气热时要降温;光线不能太强,最好将门窗玻璃和灯泡上涂上红色、蓝色或蓝绿色。

(10)在饲料中加入 1.5%～2.0% 石膏粉,可治疗原因不明的啄羽症。

(11)为改变已形成的恶癖,可在笼内临时放入有颜色的乒乓球或在舍内系上芭蕉叶等物质,使鸡啄之无味或让其分散注意力,从而使鸡逐渐改变已形成的恶癖。

任务四　维生素 A 缺乏症

维生素 A 缺乏症是由于禽类缺乏维生素 A 引起的以分泌上皮角质化和角膜、结膜、气管、食管黏膜角质化、夜盲症、干眼病、生长停滞等为特征的营养代谢性疾病。维生素 A 的化学名为视黄醇,是最早被发现的维生素,与类胡萝卜素一样对热、酸、碱稳定。维生素 A 参与视网膜视紫质的合成与再生,维持正常暗适应能力,维持正常视觉。参与上皮细胞与黏膜细胞中糖蛋白的生物合成,维持上皮细胞的正常结构和功能。促进蛋白质的生物合成和骨细胞的分化,促进机体的生长和骨骼的发育。免疫球蛋白的合成也与维生素 A 有关,故维生素 A 具有增强机体抵抗力,增强机体抗感染的能力。维生素 A 可促进上皮细胞的正常分化并控制其恶变,从而有防癌作用。

[病因]

(1)供给不足或需求量增加。鸡体自身不能合成维生素 A,必须从饲料中采食维生素 A 或胡萝卜素。不同生理阶段的鸡,对维生素 A 的需求量不同,应分别供给质量较好的成品料,否则就会引起严重的维生素 A 缺乏症。

(2)维生素 A 性质不稳定,非常容易失活,在饲料加工工艺条件不当时,损失很大。饲料存放时间过长、饲料发霉、暴晒等皆可造成维生素 A 和胡萝卜素被破坏,脂肪腐败、变质也能加速其氧化分解过程。

(3)日粮中蛋白质和脂肪不足,不能合成足够的视黄醛来结合蛋白质运送维生素 A,脂肪不足会影响维生素 A 类物质在肠道中的溶解和吸收。

(4)消化道吸收障碍,发生腹泻,或肝胆疾病影响饲料维生素 A 的吸收、利用及贮存。

[症状]

雏鸡和初开产的鸡常易发生维生素 A 缺乏症。雏鸡一般发生在 1～7 周龄,若 1 周龄的鸡发病,则与母鸡缺乏维生素 A 有关。其症状特点为厌食,生长停滞,消瘦,嗜睡,衰弱,羽毛松乱,运动失调,瘫痪,不能站立。鸡冠和肉髯苍白。病程超过 1 周仍存活的鸡,眼睑肿胀、发炎或粘连,鼻孔和眼睛流出泡沫样黏性分泌物,眼睑不久即肿胀,蓄积有干酪样的渗出物,角膜混浊不透明,严重者角膜软化或穿孔、失明。见彩图1-9和彩图1-10。

彩图1-9　鸡眼睑肿胀　　　　　　　　　彩图1-10　鸡眼内泡沫样分泌物

成年鸡通常在2~5个月内出现症状,一般呈慢性经过。轻度维生素A缺乏,鸡的生长、产蛋、种蛋孵化率及抗病力受到轻微影响,往往不易察觉。病鸡食欲不振、消瘦、精神沉郁、鼻孔和眼睛常有水样液体排出,眼睑常常黏合在一起,严重时可见眼内乳白干酪样物质(眼屎),角膜发生软化和穿孔,最终失明。鼻孔流出大量黏稠鼻液,病鸡呈现呼吸困难。鸡群呼吸道和消化道黏膜抵抗力降低,易诱发传染病。继发或并发家禽痛风或骨骼发育障碍所致的运动无力、两腿瘫痪,偶有神经症状,运动缺乏灵活性。鸡冠苍白有皱褶,爪、喙色淡。母鸡产蛋量和孵化率降低,公鸡繁殖力下降,精液品质退化,受精率低。

[剖检变化]

口腔黏膜有白色小结节或覆盖一层白色的豆腐渣样的薄膜,但剥离后黏膜完整无出血、溃疡现象。咽、食管黏膜上皮增生、角质化、脱落,黏膜有小脓包样病变,破溃后形成小的溃疡。支气管黏膜可能覆盖一层很薄的伪膜。结膜囊或鼻窦肿胀,内有黏性或干酪样渗出物。严重时肾脏呈灰白色,有尿酸盐沉积。小脑肿胀,脑膜水肿,有微小出血点。

[防治]

(1)在采食不到青绿饲料的情况下必须保证添加有足够的维生素A预混剂,按NRC(1994)推荐的维生素A最低需求量,雏鸡与育成鸡日粮维生素A的含量应为1 500 IU/kg,产蛋鸡、种鸡为4 000 IU/kg。

(2)全价饲料中添加合成抗氧化剂,防止维生素A贮存期间氧化损失;防止饲料贮存过久,不要预先将脂溶性维生素A掺入到饲料或存放于油脂中。避免将已配好的饲料和原料长期贮存。

(3)改善饲料加工调制条件,尽可能缩短必要的加热调制时间。

(4)已经发病的鸡可用添加治疗剂量的饲料治愈,治疗剂量可按正常需求量的3~4倍混料喂,连用约2周后再恢复正常量,或在饲料以5 000 IU/kg添加维生素A,疗程1个月。

任务五　维生素 B₁ 缺乏症

维生素 B₁ 即硫胺素,是禽体碳水化合物代谢必需的物质,其缺乏会导致碳水化合物代谢障碍和神经系统病变,是以多发性神经炎为典型症状的营养代谢性疾病。

[病因]

长期饲喂维生素 B₁ 缺乏的饲料,或饲料加热、碱处理时破坏了维生素 B₁,或肠道吸收不良时,均可引起本病。

(1)饲料中硫胺素含量不足　通常发生于配方失误,饲料碱化、蒸煮等加工处理;饲料发霉或贮存时间太长等造成维生素 B_1 分解损失。

（2）饲料中含有蕨类植物、抗球虫药、抗生素等对维生素 B_1 有颉颃作用的物质：如氨丙啉、硝胺、磺胺类药物。

（3）鱼粉品质差，硫胺素酶活性太高。大量鱼、虾和软体动物内脏所含硫胺素酶也可破坏硫胺素。

[症状]

彩图 1-11　病鸭头颈后仰，呈"观星状"

家禽缺乏维生素 B_1 的典型症状是多发性神经炎，成年禽一般在日粮缺乏维生素 B_1 3 周后发病。发病时食欲废绝，羽毛蓬松，体重减轻，肢体无力，步态不稳，冠发绀，严重时贫血和下痢，所产种蛋孵化率低。其特征为外周神经发生麻痹，或初为多发性神经炎，进而出现麻痹或痉挛的症状。初期趾屈肌发生麻痹，逐渐向上蔓延到翅、腿、颈的伸肌也发生痉挛，导致病鸡瘫痪，角弓反张，头颈向后极度弯曲，后仰呈"观星状"（彩图 1-11）。有时鸡呈进行性瘫痪，不能行动，倒地不起，抽搐死亡。雏鸡症状大体与成年鸡相同，但发病突然，多在 2 周龄以前发生。

[剖检变化]

剖检无特征性病理变化，胃肠道有炎症，睾丸和卵巢明显萎缩，心脏轻度萎缩。雏鸡皮肤水肿，肾上腺肥大，生殖器官萎缩，母鸡卵巢比公鸡睾丸更明显。

[治疗]

维生素 B_1 注射液，$0.1 \sim 0.2$ mg/kg，肌内或皮下注射；硫胺素 2.5 mg/(kg·只)，口服。

[预防]

（1）防止饲料发霉，不能饲喂变质、劣质鱼粉。

（2）适当多喂各种谷物，麸皮和青绿饲料。

（3）严格控制嘧啶环和噻唑类药物的使用，必须使用时疗程不宜过长。

（4）注意日粮配合，在饲料中添加维生素 B_1，满足家禽需要，鸡的需求量为 $1 \sim 2$ mg/kg，火鸡和鹌鹑为 2 mg/kg。

任务六　维生素 B_2 缺乏症

维生素 B_2 即核黄素，是动物体内十多种酶的辅基，与动物生长和组织修复有密切关系，家禽因体内合成核黄素很少，必须由饲料供应。维生素 B_2 缺乏症的典型症状为卷爪麻痹症。

[病因]

（1）饲料补充核黄素不足，常用的禾谷类饲料中核黄素特别缺乏，又易被紫外线、碱及重金属破坏。

（2）药物的颉颃作用，如氯丙嗪可影响维生素 B_2 的利用。

（3）当动物处于低温等应激状态时，维生素 B_2 需求量增加；胃肠道疾病会影响核黄素转化吸收；饲喂高脂肪、低蛋白饲料时核黄素需求量增加。种鸡需求量比非种鸡需求量大。

[症状]

本病主要影响上皮组织和神经。主要发生于雏鸡，表现为生长发育缓慢，消瘦、衰弱，羽

禽内科病

毛粗乱无光,绒毛很少,严重时贫血、下痢。特征症状是病鸡的趾爪向内蜷曲而两腿不能行走,趾爪向内蜷缩呈"握拳状"(彩图1-12和彩图1-13)。强迫行走时,用飞节着地或一只脚跳、翅膀张开以保证身体的平衡,即使休息,也常以飞节着地,运动困难,被迫以踝部行走,腿部肌肉萎缩、松弛,皮肤干燥、粗糙,发生结膜炎和角膜炎。严重的病鸡常将两腿叉开,卧地。成年鸡产蛋量明显下降,蛋白稀薄,种鸡孵化率明显降低,在孵化后12~14 d胚胎大量死亡,孵出雏鸡因皮肤发育障碍导致绒毛无法突破毛鞘而呈结节状。

彩图 1-12　趾爪蜷曲呈"握拳状",行动困难　　　　彩图 1-13　病鸡两腿叉开,卧地

[剖检变化]

消化道黏膜萎缩,肠道内有大量泡沫状内容物,重症鸡坐骨、肱骨神经鞘显著肥大,其中坐骨神经变粗为维生素 B_2 缺乏症典型症状。

[防治]

(1)一般维生素 B_2 缺乏症可不治自愈,对确定维生素 B_2 缺乏造成的坐骨神经炎,在日粮中添加 10~20 mg/kg 的核黄素,个体内服维生素 B_2 0.1~0.2 mg/只,成年鸡 5~6 mg/只,出雏率降低的母鸡内服 10 mg/只,连用 7 d。

(2)为预防本病,可在饲料中添加蚕蛹粉、干燥肝脏粉、酵母、谷类和青绿饲料等富含维生素 B_2 的原料。雏鸡一开食就应饲喂标准配合日粮,或在日粮中以 2~3 mg/kg 添加核黄素。

任务七　维生素 B_6 缺乏症

维生素 B_6 又称吡多醇,是禽体重要辅酶,家禽自身不能合成维生素 B_6,必须从饲料中摄取。维生素 B_6 缺乏症是以食欲减退、骨短粗和神经症状为特征的营养代谢病。

[病因]

维生素 B_6 的缺乏症一般很少发生,只有在饲料中极度缺乏或在应激条件下家禽对维生素 B_6 的需求量增加的情况下才导致维生素 B_6 缺乏症的发生。

[症状]

维生素 B_6 缺乏时主要引起蛋白质和脂肪代谢障碍,血红蛋白合成受阻,以及神经系统的损害,导致家禽生长发育受阻,引起贫血和神经组织变性,因而具有生长不良、贫血及特征性神经症状。

雏鸡主要表现为神经症状,如兴奋不安,盲目奔跑,拍翅膀,头下垂。随着病情发展,还会出现全身性痉挛,运动失调,身体向一侧倾斜,头颈和腿抽搐,最后衰竭而死。此外,病鸡食欲不振,生长迟缓,羽毛蓬乱,无光泽,鸡冠苍白,贫血。

成年鸡主要表现食欲减退,消瘦,产蛋率下降,孵化率降低,贫血,鸡冠、肉垂、卵巢和睾丸萎缩,最后死亡。

成年鸭表现为可视黏膜苍白、消瘦等贫血症状,一般无神经症状。

[剖检变化]

剖检可见皮下水肿,内脏器官肿大,脊髓和外周神经变性,有时肝变性。

[防治]

(1)饲料中添加酵母、麦麸、肝粉等富含维生素 B_6 的饲料,可以防止本病的发生。雏鸡和产蛋鸡维生素 B_6 的正常需求量为 3 mg/kg,种母鸡为 4.5 mg/kg。

(2)在使用高蛋白饲料时应增加维生素 B_6 添加量。

(3)应激状态下宜另外添加维生素 B_6。

(4)已发病的成禽可肌注维生素 B_6 5～10 mg/只,或饲料中添加维生素 B_6 10～20 mg/kg。

任务八　维生素 B_{12} 缺乏症

维生素 B_{12} 缺乏症是由于维生素 B_{12} 或钴缺乏引起的恶性贫血为主要特征的营养代谢性疾病。所以维生素 B_{12} 也称为钴维生素。

[病因]

(1)饲料中长期缺钴。

(2)长期服用磺胺类、抗生素等抗菌药,影响肠道微生物合成维生素 B_{12}。

(3)笼养和网养鸡不能从环境(垫草等)获得维生素 B_{12}。

(4)肉鸡和雏鸡对维生素 B_{12} 需求量高于其他年龄段的鸡,必须加大添加量。

[症状]

本病主要表现为贫血症状,病鸡食欲减退,发育迟缓,可视黏膜苍白,羽毛蓬乱,无光泽,渐进性消瘦,运动障碍,发生软脚症,死亡率升高。成年鸡产蛋量下降,蛋重减轻,种蛋孵化率低,鸡胚多于孵化后期死亡。

[剖检变化]

肌胃糜烂,肾上腺肿大,鸡胚腿肌萎缩,有出血点,骨短粗。胚胎出现出血和水肿。

[防治]

(1)补充鱼粉、肉粉、肝粉和酵母等富含钴的原料,或正常饲料中添加氯化钴制剂,可防止维生素 B_{12} 缺乏。种鸡饲料中加入 4 μg/kg 维生素 B_{12} 可使种蛋孵化率提高。鸡舍的垫草也含有较多量的维生素 B_{12}。

(2)患鸡肌内注射维生素 B_{12} 2～4 μg/只,或在饲料中按 4 μg/kg 的治疗剂量进行添加治疗。

任务九　泛酸缺乏症

泛酸缺乏症指饲料中泛酸含量不足引起的禽营养代谢病。泛酸也称作维生素 B_5,是两种重要辅酶的组成部分,与脂肪代谢关系极为密切。正常情况下,动植物饲料原料中泛酸含量较丰富,但家禽日粮尤其玉米豆粕型日粮泛酸含量少,容易发生泛酸缺乏症,所以应补充泛酸(一般用泛酸钙)。

[病因]

泛酸缺乏症通常与饲料中泛酸量不足有关,尤其饲料加工过程中的加热会造成泛酸的较大损失。特别是当长时间处于 100℃ 以上高温加热且偏碱或偏酸情况下,损失更大。长期饲喂玉米,也可引起泛酸缺乏症。

[症状]

泛酸缺乏主要损伤神经系统、肾上腺皮质和皮肤。其特征症状是皮炎、羽毛生长受阻和粗糙。成年鸡产蛋量和孵化率降低,鸡胚皮下出血、严重水肿,胚胎死亡率增高,大多死于孵化后的 2～3 d,孵出的雏鸡体轻而弱,24 h 内死亡率可达 50% 左右。雏鸡衰弱消瘦、口角、眼睑以及肛门周围有局限性的小结痂,眼睑常被黏性渗出物粘着,头部、趾间或爪底发生小裂口、结痂、出血或水肿,裂口加深后行走困难。有些腿部皮肤增厚、粗糙、角质化,甚至脱落。羽毛零乱,头部羽毛脱落。骨粗短,甚至发生滑腱症。雏火鸡泛酸缺乏症与雏鸡相似,而雏鸭则表现为生长缓慢,但死亡率高。

[防治]

(1)饲喂酵母、麸皮和米糠、新鲜青绿饲料等富含泛酸的饲料可以防止本病的发生。

(2)合理配合饲料,添加泛酸钙,每千克饲料蛋鸡需求量为 2.2 mg,其他家禽 10～15 mg。

(3)患禽可在饲料中添加正常用量 2～3 倍的泛酸。

任务十 烟酸缺乏症

烟酸缺乏症是由于烟酸和色氨酸同时缺乏引起的营养代谢性疾病。主要表现为癞皮病症状,故烟酸又称为抗癞皮病因子,也称为维生素 B_3。

[病因]

(1)饲料中长期缺乏色氨酸,使禽体内烟酸合成减少,如玉米等谷物类原料含色氨酸量很低,不额外添加即会发生烟酸缺乏症。

(2)长期使用某种抗菌药物,或鸡群患有热性病、寄生虫病、腹泻病,肝脏、胰腺和消化道等机能障碍时引起肠道微生物烟酸合成减少。

(3)其他营养物如日粮中核黄素和吡哆醇的缺乏,也影响烟酸的合成,造成烟酸需求量的增加。

[症状]

烟酸缺乏时,家禽的能量和物质代谢发生障碍,皮肤、骨骼和消化道都出现病理变化。病鸡以口炎、下痢、跗关节肿大为特征。多见于幼雏,均以生长停滞、羽毛稀少和皮肤角化过度而增厚为特有症状,发生严重化脓性皮炎,皮肤粗糙,舌发黑、色暗,口腔、食道发炎,呈深红色,食欲减退,生长抑制,并伴有下痢,胫骨变形弯曲,飞节肿大、短粗,腿弯曲,爪痉挛。成年鸡较少发生烟酸缺乏症,其症状为羽毛蓬乱无光、甚至脱落。产蛋量下降,孵化率降低。腿部及爪皮肤可见到鳞状皮炎。见彩图 1-14。

彩图 1-14　皮炎、爪痉挛

[剖检变化]

剖检可见口腔、食道黏膜表面有炎性渗出物,胃肠黏膜充血,十二指肠和胰腺溃疡。

[防治]

(1)避免饲料原料单一,尽可能使用富含 B 族维生素的酵母、麦麸、米糠和豆饼、鱼粉等,调整日粮中玉米含量。

(2)饲料中添加足量的色氨酸和烟酸,家禽日粮中烟酸需求量雏鸡为 26 mg/kg,生长鸡 11 mg/kg,蛋鸡为 1 mg/d。

(3)患鸡口服烟酸 30～40 mg/只,或在饲料中按 200 mg/kg 添加治疗量的烟酸。

任务十一　叶酸缺乏症

叶酸缺乏症是由于动物体内缺乏叶酸而引起的以贫血、生长停滞、羽毛生长不良或色素缺乏为特征的营养代谢性疾病。叶酸对于正常的核酸代谢和细胞增殖极其重要,而饲料原料含量缺乏,如果补充量不足很容易发生叶酸缺乏症。

[病因]

(1)使用的商品饲料中添加量不足。

(2)抗菌药物,如磺胺类药物会影响微生物合成叶酸,导致家禽体内叶酸缺乏。

(3)特殊生理阶段和应激状态下家禽对叶酸需求量增加,若在饲料中添加不足,更易导致家禽叶酸缺乏。

(4)胃肠、肝胆等影响叶酸合成、吸收的其他因素。

[症状]

雏禽贫血,红细胞数量减少,比正常者大而畸形,血红蛋白下降,血液稀薄,肌肉苍白,羽毛色素消失,出现白羽,羽毛生长缓慢,无光泽。雏鸡生长缓慢,骨短粗。产蛋鸡产蛋率、孵化率下降,胚胎畸形,出现胫骨弯曲,下颌缺损,趾爪出血。火鸡颈部麻痹,一般 3 d 内很快死亡。

[防治]

(1)添加酵母、肝粉、黄豆粉、亚麻仁饼等富含叶酸的物质,防止单一用玉米作饲料,可防止叶酸缺乏。

(2)正常饲料中应补充叶酸,家禽对叶酸的需求量为:雏鸡 0.55 mg/kg,成年鸡 0.25 mg/kg,种鸡 0.35 mg/kg,火鸡 0.8 mg/kg。

(3)治疗时可在饲料中按 5 mg/kg 添加叶酸,或肌内注射叶酸,雏鸡 50～100 μg/只,育成年鸡 100～200 μg/只。也可配合维生素 B_{12}、维生素 C 进行治疗。

任务十二　生物素缺乏症

生物素缺乏症是由于生物素缺乏引起机体糖、蛋白、脂肪代谢障碍的营养代谢性疾病。生物素也是 B 族维生素之一,又称维生素 H、维生素 B_7、辅酶 R 等。它是合成维生素 C 的必

禽内科病

要物质,是脂肪和蛋白质正常代谢不可或缺的物质。禽生物素缺乏症的特征症状为喙底、皮肤、趾爪发生炎症,骨发育受阻。

[病因]

(1)谷物类饲料中生物素含量少,利用率低,如果谷物类在饲料中比例过高,就容易发生生物素缺乏症。

(2)抗生素和药物影响微生物合成生物素,长期使用会造成生物素缺乏症。

(3)饲料中脂肪含量过高、禽体格发育过快、体重过大等因素,会影响机体对生物素需求量增加,若不及时补充也会引发生物素缺乏症。

[症状]

该病具有与泛酸缺乏症相似的皮炎症状,轻者难以区别,只是结痂时间和次序有别,发生本病时雏鸡首先在趾部结痂,而缺乏泛酸的雏鸡首先在口角出现结痂。患病雏鸡食欲不振,羽毛干燥变脆,逐渐衰弱,发育缓慢,趾、喙和眼周围皮肤发炎,有时表现出胫骨短粗症。趾底部粗糙、结痂,有时开裂、出血。趾爪坏死、脱落。肢、翅皮肤干燥,嘴角出现损伤,眼睑肿胀,分泌炎性渗出物,黏结,病鸡嗜睡并出现麻痹症状。种母鸡产蛋率下降,所产种蛋孵化率低,死胚率以第一周最高,胚胎和雏鸡先天性胫骨短粗,共济失调,骨骼畸形。

[剖检变化]

剖检可见肝苍白、肿大,小叶有微小出血点,肾肿大,颜色异常,心脏苍白,肌胃内有黑棕色液体。

[防治]

(1)饲喂富含生物素的米糠、豆饼、鱼粉和酵母等可防治生物素缺乏症。

(2)因为谷物类饲料中生物素来源不足,所以添加生物素添加剂产品很有必要。种鸡日粮中应添加生物素 200 μg/kg;产蛋鸡、肉鸡等添加生物素,150 μg/kg。避免长时间应用磺胺类和抗生素类药物。

(3)治疗生物素缺乏症,成年鸡口服或肌内注射生物素,0.01～0.05 mg/只,或者饲料中添加生物素,40～100 mg/kg。

任务十三　维生素 D 缺乏症

维生素 D 缺乏症是钙、磷吸收和代谢障碍,骨骼、蛋壳等形成受阻,以雏鸡佝偻病和缺钙症状为特征的营养代谢性疾病。维生素 D 的主要作用是促进肠黏膜对钙、磷的吸收,增加其在血液中的含量,同时具有抑制甲状旁腺,增加肾小管对磷的再吸收。因此,维生素 D 是调节禽体内钙、磷比例和钙、磷正常代谢的重要因素之一。

[病因]

维生素 D 缺乏症的发生有两个原因,即体内合成量不足和饲料供给缺乏。维生素 D 合成需要紫外线,所以适当的日晒有利于饲料中维生素 D 的合成,也可促进动物皮肤自身合成维生素 D,防止维生素 D 缺乏症的发生。机体消化吸收功能障碍,患有肝肾疾病的鸡只也会发生。购买商品料的养殖户应该向供货商咨询,或者通过化验来确定病因,采取相应措施。

[症状]

维生素 D 缺乏症主要表现为骨骼损害。

雏鸡表现为佝偻症,主要发生于 1 月龄左右雏鸡,发生时间与雏鸡饲料及种蛋情况有关。最初症状为腿软,行走不稳,喙和爪变软,容易弯曲,以后跗关节着地,常蹲坐,平衡失调。骨骼柔软或肿大,肋骨和肋软骨的结合处可摸到圆形结节(念珠状肿)。胸骨侧弯,胸骨正中内陷,使胸腔变小。脊椎在荐部和尾部向下弯曲。长骨质脆易骨折。生长发育不良,羽毛松乱,无光泽,有时下痢。

产蛋母鸡维生素 D 缺乏 2～3 月后表现缺钙症状。早期表现为薄壳蛋和软壳蛋数量增加,以后产蛋量下降,最后停产。种蛋孵化率下降,多在 10～16 日龄死亡。喙、爪、龙骨变软、弯曲,慢性病例则见到明显的骨骼变形,胸廓下陷。胸骨和椎骨结合处内陷,所有肋骨沿胸廓呈向内弧形弯曲的特征。后期关节肿大,呈"企鹅形"蹲坐姿势。长骨质脆,易骨折,剖检可见骨骼钙化不良。

[防治]

(1)保证饲料中含有足够量的维生素 D_3,雏鸡、育成鸡日粮中维生素 D_3 需求量为 200 IU/kg,产蛋鸡、种鸡需 500 IU/kg。

(2)防止饲料中维生素 D_3 被氧化,应添加合成抗氧化剂。

(3)为防止饲料发霉、变质而破坏维生素 D_3,可在饲料中添加防霉剂。

(4)患禽可补充维生素 D_3,饲料中使用维生素 D_3 粉或饮水中使用速溶多维,饲料中添加治疗量为 1 500 IU/kg。

(5)雏鸡缺乏维生素 D 时,可喂服鱼肝油 2～3 滴/只,3 次/d。患佝偻病的雏鸡,可喂服维生素 D_3 油或胶囊,10 000～20 000 IU/只,3 次/d。

(6)饲料中维生素 A 的含量对维生素 D 的吸收有影响,所以维生素 A 添加量太多会影响维生素 D 的吸收。一般应保持维生素 A 与维生素 D 比例为 5∶1。

(7)钙、磷缺乏或比例失调会增加维生素 D 的需求量,所以调节饲料中钙、磷比例也很重要,一般钙磷比例应保持在 2∶1 左右。

(8)适当的日光照射和运动会促进机体维生素 D 的合成,散养家禽(鸭、鹅等)因日光充足不易发生维生素 D 缺乏症。

任务十四　维生素 E 缺乏症

维生素 E 缺乏症是以脑软化症、渗出性素质、白肌病和成禽繁殖障碍为特征的营养代谢性疾病。

[病因]

维生素 E 缺乏症的发生很大程度上与饲料有关。因为维生素 E 不稳定,极易被氧化破坏,饲料中其他成分也会影响维生素 E 的营养状态,造成本病的发生。

(1)饲料维生素 E 含量不足。当饲料配方不当或加工失误的情况下,常会导致本病的发生。

(2)饲料维生素 E 被氧化破坏。矿物质破坏、多呈不饱和脂肪酸存在、饲料酵母曲、硫酸铵制剂等颉颃物质刺激脂肪过氧化、制粒工艺不当等情况下均会造成维生素 E 损失。籽实饲料一般条件下保存 6 个月维生素 E 损失 30%～50%。

(3)维生素 A、B 族维生素、硒等其他营养成分的缺乏。

[症状]

(1)成年鸡的主要症状为生殖能力的损害,产蛋率和种蛋孵化率降低,公鸡精子形成不全,繁殖力下降,受精率低。

(2)维生素 E 缺乏引起脑软化症,多发生于 3～6 周龄的雏鸡,发病后表现为精神沉郁,瘫痪,共济失调,头向后或向下弯,有时向一侧扭曲,两腿节律性痉挛,但肢、翅并无完全麻痹;出壳后弱雏增多,站立不稳;曲颈、头插向两腿之间等神经症状。剖检可见小脑软化,出血,水肿,有出血点和坏死灶,坏死灶呈灰白色斑点。

(3)维生素 E 和硒同时缺乏时,雏鸡会表现渗出性素质,病鸡翅膀、颈胸腹部等部位水肿,皮下血肿,穿刺流出蓝绿色或紫红色液体。小鸡叉腿站立。

(4)维生素 E 和含硫氨基酸同时缺乏,则表现为营养性肌肉萎缩(肌营养不良、白肌病)。多发生于 4 周龄左右的幼禽,病禽表现腿软,翅松软下垂,运动失调,肌肉痉挛,冠髯贫血,眼半闭,角膜软化,胸肌和腿肌色浅,苍白,有白色条纹,肌肉松弛无力。严重时两腿完全麻痹而呈躺卧姿势,此时胸、腹着地或腿向侧方伸出。

[防治]

(1)饲料中添加足量的维生素 E,鸡日粮中应含有维生素 E 10～15 IU/kg,鹌鹑为 15～20 IU/kg。

(2)为防止饲料贮存时间过长,无机盐、不饱和脂肪酸被氧化破坏,可在饲料中添加硒,添加量为 0.25 mg/kg。

(3)临床实践中,脑软化、渗出性素质和白肌病常交织在一起,若不及时治疗可造成急性死亡,通常在饲料中添加维生素 E,20 IU/kg,连用 2 周。可在用维生素 E 的同时应用硒制剂。

渗出性素质严重时可以肌内注射 0.1% 亚硒酸钠,0.05 mL/只,或在饲料中按 0.05 mg/kg添加硒制剂;白肌病严重时按 0.2 mg/kg 在饲料加入 0.1% 亚硒酸钠,蛋氨酸 2～3 g/kg;脑软化症严重时可用维生素 E 油或维生素 E 胶囊治疗,250～350 IU/(只·次),同时饮水中供给速溶多维。

(4)植物油中含有丰富的维生素 E,在饲料中混有 0.5% 的植物油,也可达到治疗本病的效果。

任务十五 维生素 K 缺乏症

维生素 K 缺乏症是以鸡血液凝固过程发生障碍,发生全身出血性素质为特征的营养代谢性疾病。

[病因]

(1)集约化饲养条件下,家禽较少或无法采食到青绿饲料,而且体内肠道微生物合成量不能满足机体对维生素 K 的需求量。

(2)饲料中存在抗维生素 K 物质,如霉变饲料中真菌毒素、草木樨等会破坏维生素 K。

(3)长期使用抗菌药物,如抗生素和磺胺类抗球虫药,使肠道中微生物受抑制,维生素 K 合成减少。

(4)疾病及其他因素,如球虫病、腹泻、肝病或胆汁分泌障碍,消化吸收不良,环境条件恶劣等均会影响维生素 K 的吸收利用。

[症状]

本病发病潜伏期长,一般缺乏维生素 K 在 3 周左右出现症状。雏鸡发病较多,表现为冠、肉垂、皮肤苍白干燥,生长发育迟缓、腹泻、怕冷,常发呆站立或久卧不起。皮下广泛出血,尤其胸膜、腹膜、翼下明显,血液凝固不良,有时因出血过多而死亡。孵化率降低,死胚率升高。病鸽常见鼻孔和口腔出血,皮肤血肿成紫色。

[剖检变化]

剖检可见肌肉苍白、皮下血肿,肌胃、肠、肺、脑等器官有出血点,肝脏有灰白或黄色坏死灶。体腔内有积血,凝血不良。

[防治]

(1)预防维生素 K 缺乏症,可在饲料中按 $1\sim2$ mg/kg 添加维生素 K,并配合适量青绿饲料、鱼粉、肝脏等富含维生素 K 及其他维生素和无机盐的饲料。

(2)治疗时,可在饲料中添加维生素 K $3\sim8$ mg/kg,或肌注维生素 K 注射剂,$0.5\sim3$ mg/只,同时适当补充钙制剂。但应注意维生素 K 用量不可过大,以免中毒。

任务十六　胆碱缺乏症

胆碱缺乏症是由于胆碱缺乏,引起脂肪代谢障碍,使大量脂肪在鸡肝内沉积,因而以脂肪肝和骨短粗为特征的营养代谢性疾病,也称为脂肪肝病或脂肪肝综合征。

[病因]

胆碱为乙酰胆碱和卵磷脂的有效成分,具有抗脂肪肝作用,同时也是甲基的供应体。鸡对胆碱的需求量比一般维生素多得多,胆碱可在体内合成,它对机体代谢有非常重要的作用。引起禽胆碱缺乏症的病因可从以下几方面分析。

(1)日粮中胆碱添加量不足。

(2)叶酸、维生素 B_{12}、维生素 C 和蛋氨酸都可参与胆碱合成,它们不足导致胆碱需求量增加。

(3)胃肠和肝脏疾病影响胆碱吸收和合成。

(4)日粮中长期应用抗生素和磺胺类药物可抑制胆碱的合成。

(5)采食脂肪含量过高而没有相应提高胆碱的添加量。

(6)日粮中维生素 B_1 和胱氨酸增多也促进胆碱缺乏症的发生。

[症状]

雏鸡和幼年火鸡表现为食欲减退,生长发育不良,飞节肿大,骨短粗,跗关节肿胀,并有针尖大小的出血点,跗骨弯曲呈弓形,关节脱位,患病禽行动不协调,跟腱滑脱导致站立困难,常伏地不起,鸡冠和肉髯苍白。

成年鸡产蛋量下降,孵化率降低。有些鸡易出现脂肪肝,甚至因肝破裂而发生急性内出血,突然死亡。

[剖检变化]

剖检可见肝、肾脂肪沉积,呈土黄色,有出血点,质地脆弱。肝脏肿大、肝包膜破裂,有较大凝血块。

禽内科病

[防治]

本病的防治原则为针对病因、以防为主。

(1)治疗该病通常在饲料中添加氯化胆碱,1 g/kg,配合维生素 E,10 IU/kg,肌醇,1 g/kg,连续饲喂。也可以单只饲喂或肌内注射氯化胆碱 0.1～0.2 g/只,连用 10 d。

(2)饲料中添加足量的胆碱是预防该病的关键。蛋鸡的胆碱需求量为 400～1 200 mg/kg,雏鸡的胆碱需求量可达 1 000～1 800 mg/kg。

任务十七　钙和磷缺乏症

钙、磷在骨骼组成、神经系统、肌肉和心脏正常功能的维持及血液酸碱平衡、促进凝血等方面发挥着重要作用,钙和磷缺乏症是一种以雏禽佝偻病、成禽骨软病为特征的重要营养代谢性疾病。

[病因]

(1)饲料中钙、磷含量不足。鸡生长发育和产蛋期对钙磷需求量较大,如果补充不足,则容易产生钙磷缺乏症。

(2)饲料中钙、磷比例失调。饲料中钙、磷比例失调会影响这两种元素的吸收,雏鸡和蛋鸡的饲料中钙磷比应为 2:1～4:1 之间。

(3)维生素 D 缺乏。维生素 D 在钙磷吸收和代谢过程中起着重要作用。如果维生素 D 缺乏,则会引起钙磷缺乏症的发生。

(4)其他因素。如日粮中蛋白质、脂肪、植酸盐含量过多、环境温度过高、运动少、日照不足以及疾病等都会影响钙、磷代谢和需求量,引起钙、磷缺乏症。

[症状]

雏禽典型症状是佝偻病。发病较快,1～4 周龄出现症状。早期可见患病禽经常蹲伏,不愿走动,食欲不振,病禽生长发育和羽毛生长不良,站立不稳,跛行。骨质软化,易骨折,关节肿大,跗关节尤其明显,胸骨畸形,肋骨末端呈念珠状小结节,有时拉稀。

成年禽易发生骨软症。主要发生于蛋鸡产蛋高峰期,临床表现为骨质疏松,骨硬度差,骨骼变形,肢软无力,卧地不起,爪、喙、龙骨弯曲。产蛋率降低,薄壳蛋、软壳蛋增多,蛋壳表面畸形、沙皮,孵化率降低。

[剖检变化]

剖检可见全身骨骼骨密质变薄,骨髓腔变大,易骨折,胸骨和肋骨骨折,与脊柱连接处的肋骨局部有珠状突起。肋骨增厚,弯曲,致使胸廓两侧变扁,雏鸡胫骨、股骨头骨骺疏松。

[诊断]

通过临床症状,血磷、血钙浓度测定以及饲料化验检查,可为早期诊断或监测预报提供依据,有条件者也可配合骨骼 X 射线检查。

[防治]

(1)患病禽应当立即提高饲料中钙、磷水平,调整钙、磷比例。应以 3 倍于正常需求量在饲料中添加维生素 D 或鱼肝油,连续饲喂 2～3 周,然后再恢复到正常需求量。

(2)预防该病应注意饲料中钙、磷含量要满足禽的正常需求量,尤其要保证产蛋鸡和雏鸡日粮中钙、磷的正常吸收、代谢,而且要保证比例适当,雏鸡钙与有效磷的比例为 0.6%～0.9%:0.4%～0.55%,预防补充钙、磷可用磷酸氢钙、骨粉、贝壳粉等原料。同时注意维生素 D 的补充。

任务十八　氯和钠缺乏症

氯和钠缺乏症是由于氯和钠摄入不足引起机体代谢紊乱的营养代谢性疾病。其临床特征主要是禽生长迟缓,肌肉、神经机能障碍,脱水,产蛋量减少等。

[病因]

饲料中氯和钠主要来源是食盐、鱼粉和肉骨粉,饲料中食盐添加量不足是氯、钠缺乏症的主要病因。

[症状]

缺钠家禽食欲减退,生长迟缓,消瘦,易发生啄癖,骨软化,皮肤皱缩,弹性下降。产蛋量急剧下降,蛋小。

缺氯家禽生长停滞,脱水,雏禽出现特征性神经症状,易受惊吓而倒地。主要表现为两腿向后伸直,不能站立,恢复后又发作,直至死亡。

[剖检变化]

剖检可见血液浓稠,骨骼变软,肾上腺肥大。

[防治]

正常情况下食盐添加量为 0.3%～0.4%,但如果日粮配有含盐量较高的饲料如咸鱼粉、肉骨粉时,尤其一些劣质鱼粉的食盐含量会很高,应计算好氯化钠的添加量,严防重复添加,用盐量过大反而会导致食盐中毒,食盐致死量为 4 g/kg 体重。

发生氯和钠缺乏症后,迅速在日粮中加入 0.8% 的食盐,大约 10 d 后,降至 0.3%～0.4%。

任务十九　锰缺乏症

锰缺乏症是因为锰缺乏引起的以骨形成障碍,骨短粗,滑腱症为特征的微量元素缺乏症。锰在体内发挥着重要作用,与家禽的生长、骨骼的发育、蛋壳形成和正常生殖能力的维持等方面关系较为密切,禽类对锰的需求量大,而日粮中钙、磷过量又可抑制对锰的吸收作用,所以家禽对锰缺乏特别敏感,饲料中应当添加足量的锰。

[病因]

(1)锰缺乏症呈地方性发生,缺锰地区的土壤中生长的作物籽实,含锰量很低;饲料原料中玉米、大麦的含锰量较少,糠麸中含量较多,所以在玉米为主要原料的饲料中必须添加无机锰满足家禽对锰的需求。

(2)饲料中钙、磷、铁、植酸盐过量会降低锰的利用率。

(3)饲料中 B 族维生素不足增加禽对锰的需求量。

（4）其他影响因素,如鸡患球虫病等胃肠道疾病及药物使用不当等都对锰的吸收利用有很大影响。

[症状]

本病多发生于雏鸡和育成鸡,特别多见于体重大的品种。常见症状为骨短粗症和脱腱症。前者表现为胫跗关节肿大,骨变粗、变短,跛行。后者表现为跗关节肿胀与明显错位,胫骨远端和跗骨近端向外扭转、外展,常单肢强直,膝关节扁平,节面光滑,导致腓肠肌腱从髁部滑脱,常因瘫痪,无法站立而不能采食,直至饿死。成年母禽产蛋量下降,蛋壳薄脆,种蛋孵化率低,胚胎畸形,骨短粗,翅缺损,头呈圆球形或呈鹦鹉嘴,胚胎水肿,腹部突出。孵出雏鸡软骨营养不良,表现神经机能障碍、运动失调和头骨变粗等症状。

[防治]

（1）家禽饲料中正常应含锰 $40\sim80$ mg/kg,常采用碳酸锰、氯化锰、硫酸锰、高锰酸钾作为锰补充剂。含锰丰富,日粮中添加糠麸对该病具有很好的预防作用。

（2）发病家禽日粮中按 $0.12\sim0.24$ g/kg 添加硫酸锰,也可用 $1:3\,000$ 高锰酸钾溶液饮水,每日 $2\sim3$ 次,连用 4 d。

（3）化验饲料,调整钙、磷含量充足,比例适当。保证日粮中 B 族维生素的添加量能够满足家禽的正常需求量。

任务二十　锌缺乏症

锌缺乏症是由于缺乏锌引起以羽毛发育不良,生长发育停滞,骨骼异常,生殖机能障碍等为特征的微量元素缺乏症。锌是禽体许多酶活化所必需的物质,参与机体内蛋白质、核酸代谢,在维持细胞膜结构完整性、促进创伤愈合方面起着重要作用。

[病因]

（1）地方性缺锌　缺锌地区土壤含锌量很少,导致该地区生长的作物籽实缺锌,进而导致锌缺乏症。

（2）配方不当　锌添加量不足以满足家禽的需要。一般饲料原料如玉米中锌含量很低。

（3）钙、镁、铁、植酸盐过多,含铜量过低,不饱和脂肪酸缺乏,影响锌的吸收。

（4）其他因素,如棉酚可与锌结合,使锌失去生物活性等。

[症状]

雏禽缺锌时食欲下降,消化不良,生长发育迟缓或停滞。羽毛发育异常,翼羽、尾羽缺损,严重时脱羽、无羽,新羽不易生长。常发生皮炎,皮肤角化呈鳞状,产生较多的鳞屑,趾部有炎性渗出物或皮肤坏死,创伤不易愈合。骨短、粗,关节肿大,成年禽产蛋量降低,蛋壳薄,孵化率低,易发啄蛋癖。

[防治]

（1）正常禽日粮中应含有 $50\sim100$ mg/kg 的锌,预防本病可在饲料中增加鱼粉、骨粉、酵母、花生粕、大豆粕等的用量以及添加硫酸锌、碳酸锌和氯化锌。

（2）患病禽可肌内注射氧化锌 5 mg/只,发病较多时可在饲料中添加 60 mg/kg 的氧化锌进行治疗。

任务二十一　硒缺乏症

硒缺乏症是幼禽常见的微量元素缺乏症之一,肉用型、兼用型仔鸡多见。以胸腹部、大腿、颌下、颈部皮下疏松的部位发生浆液性渗出为主要特征,所以又叫渗出性素质病,是由于硒和维生素 E 缺乏引起的以骨骼发育不良、白肌病、渗出性素质为特征的营养代谢性疾病。本病与维生素 E 缺乏症有诸多共同之处:

[病因]

(1)硒缺乏症呈明显的地方性缺乏,有些地区的土壤缺硒(含硒量低于 0.5 mg/kg),引起作物籽实缺硒,最终造成饲料缺硒而引发该病的发生。

(2)日粮中一般应补充硒(除极少数富硒地区外),如果未按禽的正常需求量在日粮中补充机体所需求的硒,就会引发该病。

(3)维生素 E 和硒都对细胞膜有保护作用,可防止红细胞膜、肝线粒体膜等的过氧化破坏反应。特别是硒可增强维生素 E 的抗氧化作用,防止细胞膜变性。维生素 E 和硒相互协同发挥作用,又相互制约,二者息息相关,所以维生素 E 缺乏也会造成硒缺乏症发生。

[症状]

硒缺乏症有一定的地区性、季节性,多集中在冬春两季发生,寒冷多雨是常见发病诱因。

1. 渗出性素质

常以 2～3 周龄的雏鸡发病率高,到 3～6 周龄时发病率高达 80%～90%,多呈急性经过。病雏胸、腹部皮肤出现淡蓝色水肿,可扩展至全身。排稀便或水样便,最后衰竭死亡。剖检可见到水肿部有淡黄色的胶冻样渗出物或淡黄绿色纤维蛋白凝结物。

2. 白肌病

以 4 周龄幼雏易发,表现为全身软弱无力,贫血,肌麻痹而卧地不起,羽毛松乱,翅下垂,衰竭而亡。患病禽主要病变在骨骼肌、心肌、胸肌、肝脏、胰脏及肌胃,其次为肾脏和脑。病变部位肌肉变性、色淡、呈煮肉样,呈灰黄色、黄白色的点状、条状、片状不等。心肌扩张变薄,多在乳头肌内膜有出血点,胰脏变性,体积缩小有坚实感。

3. 脑软化症

主要表现为平衡失调、运动障碍和神经紊乱症状,硒和维生素 E 皆可导致,而以维生素 E 为主。具体症状请参阅维生素 E 缺乏症。

[剖检变化]

剖检可见胸腹部、下颌、颈部皮下有轻重不同的浆液性渗出,渗出物中含有血液,其中以胸腹皮下最严重。十二指肠与空肠黏膜充血、出血,胆囊大,充满黑绿色胆汁,其他器官一般没有明显的变化。

[诊断]

根据发病特点、临床症状与剖检病理变化,可做出初步诊断。注意与葡萄球菌相鉴别。葡萄球菌病鸡的皮肤溃烂,羽毛脱落,皮肤渗出,是与本病的重要区别点。

[防治]

(1)日粮中应含有 0.1～0.2 mg/kg 的硒,通常以亚硒酸钠形式在日粮中添加,同时应补充 20 mg 维生素 E。

（2）患病禽可在饲料中按 $0.1\sim0.15$ mg/kg 添加亚硒酸钠，或用 0.1% 的亚硒酸钠饮水，$5\sim7$ d 为一疗程。少数患病禽也可用 0.1% 亚硒酸钠生理盐水注射，雏鸡为 $0.1\sim0.3$ mL/只，成年鸡 1 mL/只，同时喂维生素 E 油 300 IU/只。

【案例分析】

分析以下案例，根据病史和临床检查，提出初步诊断，制定治疗措施（开出处方）。

病例 1 某肉鸡场饲养的 40 d 肉鸡，近期时常出现病鸡，其症状为，眼睛流泪，分泌物多，个别鸡盲目运动，精神状态、饮食欲变化不大，病鸡体温正常。腿部皮肤黄色变淡。

病例 2 某肉鸡场新进了一批肉鸡，为了节省饲料成本，自己配料，20 日龄后出现个别生长快的鸡精神沉郁，不愿走动，行走时飞节着地，病鸡脚趾向内卷曲或两侧均为内偏，严重两趾出现完全卷曲，似拳头样，行走时似踩高跷。消瘦，贫血，体温正常。

病例 3 某蛋鸡场近期出现产蛋量下降，精神沉郁，有些呈现神经症状，腹部皮下水肿，呈淡蓝色，可视黏膜苍白。

病例 4 病鸡食欲降低，羽毛松乱，多在趾前关节、趾关节发病，也侵害腕前、腕及肘关节。关节肿胀，初期软而痛，界限不明显；中期肿胀部逐渐变硬，微痛，形成不能移动或稍能移动结节，结节有豌豆大或蚕豆大小；病后期，结节软化或破裂，排出灰黄色干酪样物，局部形成出血性溃疡。病禽呈蹲坐或独肢站立姿势，行动困难，跛行等临床症状。

病例 5 有一鸡场饲养蛋鸡 15 000 只，在产蛋高峰期鸡群出现多卧少立，运动困难，产软壳蛋、薄壳蛋。

【知识拓展】

一、禽雌雄鉴别技术与断喙技术

（一）雏鸡雌雄鉴别技术

1. 雏鸡翻肛鉴别法

翻肛鉴别法是根据初生雏鸡有无生殖隆起以及生殖隆起在组织形态上的差异，以肉眼分辨雌雄的一种鉴别方法。

（1）初生雏鸡生殖隆起的形态和分类 雄雏生殖隆起分为正常型、小突起型、扁平型、肥厚型、纵型和分裂型；雌雏分为正常型、小突起型和大突起型。初生雏鸡生殖突起的形态特征见表 1-1。

表 1-1 初生雏鸡生殖突起的形态特征

性别	类型	生殖突起	八字皱襞
雌雏	正常型	无	退化
	小突起	突起较小，不充血，突起下有凹陷，隐约可见	不发达
	大突起	突起大，不充血，突起下有凹陷	不发达

性别	类型	生殖突起	八字皱襞
雄雏	正常型	大而圆,形状饱满,充血,轮廓明显	很发达
	小突起	小而圆	比较发达
	分裂型	突起分为两部分	比较发达
	肥厚型	比正常型大	发达
	扁平型	大而圆,突起变扁	发达,不规则
	纵型	尖而小,着生部位较深,突起直立	不发达

（2）初生雏鸡雌雄生殖隆起的组织形态差异　初生雏鸡有无生殖隆起是鉴别雌雄的主要依据,但部分初生雌雏的生殖隆起仍有残迹,这种残迹与雄雏的生殖隆起在组织上有明显的差异。正确掌握这些差异,是提高鉴别率的关键。

（3）鉴别操作方法

①抓雏、握雏　雏鸡的抓握法一般有两种:一种是夹握法(图 1-1),右手朝着雏鸡运动的方向,掌心贴雏背将雏抓起,然后将雏鸡头部向左侧迅速移至放在排粪缸附近的左手,雏背贴掌心,肛门向上,雏颈轻夹在中指与无名指之间,双翅夹在食指与中指之间,无名指与小指弯曲,将两脚夹在掌面;技术熟练的鉴别员,往往右手一次抓两只雏鸡,当一只移至左手鉴别时,将另一只夹在右手的无名指与小指之间。另一种是团握法(图 1-2),左手朝雏尾部的方向,掌心贴雏背将雏抓起,雏背向掌心,肛门朝上,将雏鸡团握在手中;雏的颈部和两脚任其自然。两种抓握法没有明显差异,虽然右手抓雏移至左手握雏需要时间,但因右手较左手敏捷而得以弥补。团握法多为熟练鉴别员采用。

 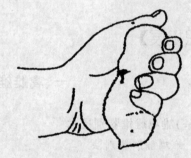

图 1-1　夹握法　　　　　　　　　　　图 1-2　团握法

②排粪、翻肛　在鉴别观察前,必须将粪便排出,其手法是左手拇指轻压腹部左侧面髋骨下缘,借助雏鸡呼吸将粪便挤入排粪缸中。

翻肛手法较多,下面介绍常用的 3 种方法。

第一种方法:左手握雏,左拇指从前述排粪的位置移至肛门左侧,左食指弯曲贴于雏鸡背侧,与此同时右食指放在肛门右侧,右拇指侧放在雏鸡脐带处(图 5-3)。右拇指沿直线往上顶推,右食指往下拉,往肛门处收拢,左拇指也往里收拢,3 指在肛门处形成一个小三角区,3 指凑拢挤。肛门即翻开(图 1-3)。

第二种方法:左手握雏,左拇指置于肛门左侧,左食指自然伸开,与此同时,右中指置于肛门右侧,右食指置于肛门端(图 1-4)。然后右食指往上顶推,右中指往下拉,向肛门收拢左拇指向肛门处收拢,3 指在肛门形成一个小三角区,由于 3 指凑拢,肛门即翻开。

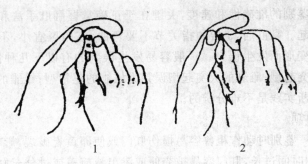

图1-3　第一种翻肛手法

图1-4　第二种翻肛手法

　　第三种方法:此法要求鉴别员右手的大拇指留有指甲。翻肛手法基本与翻肛手法之一相同(图1-5)。

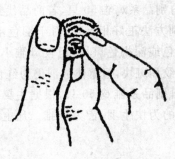

图1-5　第三种翻肛手法

　　③鉴别、放雏　根据生殖隆起的有无和形态差别,便可判断雌雄。如果有粪便或渗出物排出,可用左拇指或右食指抹去,再行观察。遇生殖隆起一时难以分辨时,也可用左拇指或右食指触摸,观察其充血和弹性程度。

　　(4)鉴别的适宜时间与鉴别要领

　　①鉴别的适宜时间　最适宜的鉴别时间是出雏后2～12 h,在此时间内,雌雄雏鸡生殖隆起的性状差异最显著,也好抓握、翻肛。而刚孵出的雏鸡,身体软绵呼吸弱,蛋黄吸收差,腹部充实,不易翻肛,技术不熟练者甚至造成雏鸡死亡。

　　孵出24 h以上的雏鸡,肛门发紧,难以翻开,而且生殖隆起萎缩,甚至陷入泄殖腔深处,不便观察。因此,鉴别时间以出壳后不超过24 h为宜。

　　②鉴别要领　生产中要求翻肛分辨雌雄准确率达到95%以上,并要求每分钟鉴别80个

以上的速度。提高鉴别的准确性和速度,关键在于正确掌握翻肛手法和熟练而准确无误分辨雌雄雏的生殖隆起。翻肛时,3指的指关节不要弯曲,三角区宜小,不要外拉和里顶才不致人为地造成隆起变形而发生误判。一般容易发生误判的有以下几种情况:雌雏的小突起型误判为雄雏的小突起型;雌雏的大突起型误判为雄雏的正常型;雄雏的肥厚型误判为雌雏的正常型。只要不断实践是不难分辨的。

(5)鉴别注意事项

①动作要轻捷　鉴别时动作粗鲁容易损伤肛门或使卵黄囊破裂,影响以后发育,甚至引起雏鸡的死亡;鉴别时间过长,肛门容易被粪便或渗出液掩盖或过分充血,而无法辨认。

②姿势要自然　鉴别员坐的姿势要自然。

③光线要适中　肛门雌雄鉴别法是一种细微结构的观察,故光线要充足而集中,从一个方向射来,光线过强过弱都容易使眼睛疲劳。自然光线一般不具备上述要求,常采用有反光罩的40～60 W乳白灯泡的光线。光线过强,不仅刺激眼睛,而且炽热烤人。

④盒位要固定　鉴别桌上的鉴别盒分3格,中间一格放未鉴别的混合雏,左边一格放雌雏,右边一格放雄雏。要求位置固定,不要更换,以免发生差错。

⑤鉴别前要消毒　为了做好防疫工作,鉴别前,要求鉴别员穿工作服、鞋、戴帽、口罩,并用消毒液洗手。

⑥初生鸭、鹅公雏有外部生殖器,呈螺旋形,翻转泄殖腔即可拨出,直接进行雌雄鉴别。

⑦鸭还可用触摸法进行鉴别,不需翻肛,即从雏鸭泄殖腔上方开始,轻轻夹住直肠往泄殖腔下方触摸,如摸到有突起的是阴茎,可判定为公雏。

2. 自别雌雄鉴别技术

(1)羽色鉴别法　取羽色自别品系鸡雏50只,若商品代雏鸡凡是绒羽为金色的是母雏,银色的是公雏(父母代雏鸡鉴别方法正好相反)。对于羽色不明显的要详细鉴别,有很少一部分公雏头部和背部带有黄红色或深褐色斑块,但较母雏小而色淡,躯体绒羽仍为白色;而母雏也有头和背部带有白色条纹和斑块,但躯体绒羽仍为红色。

(2)羽速鉴别法　取羽速自别品系雏鸡50只,根据主翼羽和覆主翼羽的相对长度来鉴别。凡是主翼羽长于覆主翼羽的为快生羽,皆为母雏。凡主翼羽短于覆主翼羽或二者等长的为慢生羽,皆为公雏。

(二)雏鸡断喙方法

(1)断喙器刀片加热　对于7～10日龄的鸡,700℃的刀片温度较适宜,当看到刀片中间部分发出樱桃红色即可。

(2)断喙要领　左手握住小鸡,右手拇指和食指压住鸡头部,选择对雏鸡适宜的孔径,将喙插入,用刀片切除上喙的1/2,下喙的1/3。切后在刀片上灼烙止血。

(3)断喙结束后,对已断过喙的鸡,认真检查,若发现有个别出血或断喙不当的鸡,应抓回再灼烙止血或修喙。

二、饲料中钙、铜、铁、镁、锰、钾、钠和锌等微量元素含量的测定

1. 适用范围

本方法适用于测定动物饲料中钙(Ca)、铜(Cu)、铁(Fe)、镁(Mg)、锰(Mn)、钾(K)、钠

(Na)和锌(Zn)含量,各元素含量的检测限如下:

K,Na——500 mg/kg;

Ca,Mg——50 mg/kg;

Cu,Fe,Mn,Zn——5 mg/kg。

2. 测定原理

将试样放在马福炉(550±15)℃下灰化之后,用盐酸溶解残渣,并稀释定容,然后导入原子吸收分光光度计的空气-乙炔火焰中。测量每个元素的吸光度,并与统一元素校正溶液的吸光度比较定量。

3. 试剂与溶液

(1)盐酸。

(2)盐酸溶液 $c(HCl)=6.0$ mol/L。

(3)盐酸溶液 $c(HCl)=0.6$ mol/L。

(4)硝酸镧溶液   溶解133 g的硝酸镧[$La(NO_3)_3 \cdot 6H_2O$]于1 000 mL。如果配制的溶液镧含量相同,可以使用其他镧盐。

(5)氯化铯溶液   溶解100 g氯化铯(CsCl)于1 L水中。如果配制的溶液铯含量相同,可以使用其他的铯盐。

(6)Cu、Fe、Mn、Zn的标准贮备溶液   取100 mL水,125 mL浓盐酸于1 L容量瓶中,混匀。称取下列试剂:

①392.9 mg硫酸铜($CuSO_4 \cdot 5H_2O$);

②702.2 mg硫酸亚铁铵[$(NH_4)_2SO_4 \cdot FeSO_4 \cdot 6H_2O$];

③307.7 mg硫酸锰($MnSO_4 \cdot H_2O$);

④439.8 mg硫酸锌($ZnSO_4 \cdot 7H_2O$)。

将上述试剂加入容量瓶中,用水溶解并定容。

此贮备液中,Cu、Fe、Mn、Zn的含量均为100 μg/mL。

注:可以使用市售配制好的适合的溶液。

(7)Cu、Fe、Mn、Zn的标准溶液   取20.0 mL的贮备溶液加入100 mL容量瓶中,用水稀释定容。此标准溶液中Cu、Fe、Mn、Zn的含量均为20 μg/mL。该标准液当天使用当天配制。

(8)Ca、K、Mg、Na的标准贮备溶液。称取下列试剂:

①1.907 g氯化钾(KCl);

②2.028 g硫酸镁($MgSO_4 \cdot 7H_2O$);

③2.542 g氯化钠(NaCl)。

将上述试剂加入1 L容量瓶中。

称取2.497 g碳酸钙($CaCO_3$)放入烧杯中,加入50 mL 6.0 mol/L盐酸溶液。

注:当心产生二氧化碳。

在电热板上加热5 min,冷却后将溶液转移到含有K、Mg、Na盐的容量瓶中,用0.6 mol/L盐酸溶液定容。

此贮备液中Ca、K、Na的含量均为1 mg/mL,Mg的含量为200 μg/mL。

注:可以使用市售配制好的适合溶液。

(9)Ca、K、Mg、Na 的标准溶液　取 25.0 mL 贮备溶液加入 250 mL 容量瓶中,用 0.6 mol/L 盐酸溶液定容。

此标准溶液中 Ca、K、Na 的含量均为 100 μg/mL,Mg 的含量为 20 μg/mL。

配制的标准溶液贮存在聚乙烯瓶中,可以在 1 周内使用。

(10)镧/铯空白溶液　取 5 mL 硝酸镧溶液、5 mL 氯化铯溶液和 5 mL 6.0 mol/L 盐酸加入 100 mL 容量瓶中,用水定容。

4. 仪器设备

所有的容器,包括配制校正溶液的吸管,在使用前用 0.6 mol/L 盐酸溶液冲洗。如果使用专用的灰化皿和玻璃器皿,每次使用前不需要用盐酸煮。

实验室常用设备和专用设备如下:

(1)分析天平　称量精度到 0.1 mg。

(2)坩埚　铂金、石英或瓷质,不含钾、钠,内层光滑没有被腐蚀,上部直径为 4～6 cm,下部直径 2～2.5 cm,高 5 cm 左右,使用前用 6.0 mol/L 盐酸煮。

(3)硬质玻璃器皿　使用前用 6.0 mol/L 盐酸煮沸,并用水冲洗净。

(4)电热板或煤气炉。

(5)水浴锅。

(6)马福炉　温度能控制在(550±15)℃。

(7)原子吸收分光光度计　波长范围在分析步骤中详细说明。带有空气-乙炔火焰和 1 个校正设备或测量背景吸收装置。

(8)测定 Ca、Cu、Fe、Mn、K、Mg、Na、Zn 所用的空心阴极灯或无极放电灯。

(9)定量滤纸。

5. 采样

本标准未规定采样方法,建议采样方法按照 ISO 6497。

实验室收到有代表性的样品是十分重要的,样品在运输、贮存中不能损坏或变质。

保存的样品要防止变质及其他变化。

6. 试样的制备

按照 ISO 6498 的方法制备试样。

7. 分析步骤

(1)检测有机物的存在　用平勺取一些试样在火焰上加热。

如果试样融化没有烟,即不存在有机物。

如果试样颜色有变化,并且不融化,则试样含有机物。

(2)试样　根据估计含量称取 1～5 g 制备好的试样,精确到 1 mg,放进坩埚中。

如果试样含有机物,按以下(3)操作。

如果试样不含有机物,按以下(4)操作。

(3)干灰化　将坩埚放在电热板或煤气灶上加热,直到试样完全炭化(要避免试样燃烧)。将坩埚转到已在 550℃ 温度下预热 15 min 的马福炉中灰化 3 h,冷却后用 2 mL 水浸润坩埚中内容物。如果有许多炭粒,则将坩埚放在水浴上干燥,然后再放到马福炉中灰化 2 h,让其冷却,再加 2 mL 水。

(4)溶解　取 10 mL 6.0 mol/L 盐酸溶液,开始慢慢一滴一滴加入,边加边旋动坩埚,直到不冒泡为止(可能产生二氧化碳),然后再快速加入,旋动坩埚并加热直到内容物近乎干燥,在加热期间务必避免内容物溅出。用 6.0 mol/L 盐酸 5 mL 加热溶解残渣后,分次用 5 mL 左右的水将试样溶液转移到 50 mL 容量瓶。待其冷却后,用水稀释定容并用滤纸过滤。

(5)空白溶液　每次测量,均按照(2)、(3)、(4)步骤制备空白溶液。

(6)铜、铁、锰、锌的测定

①测量条件　按照仪器说明要求调节原子吸收分光光度计的仪器条件,使在空气-乙炔火焰测量时的仪器灵敏度为最佳状态。Cu、Fe、Mn、Zn 的测量波长如下:

Cu——324.8 nm;

Fe——248.3 nm;

Mn——279.5 nm;

Zn——213.8 nm。

②校正曲线制备　用 0.6 mol/L 盐酸溶液稀释 Cu、Fe、Mn、Zn 的标准溶液,配制一组适宜的校正溶液。

测量 0.6 mol/L 盐酸的吸光度、校正溶液的吸光度。

用校正溶液的吸光度减去 0.6 mol/L 盐酸溶液的吸光度,以吸光度修正值分别对 Cu、Fe、Mn、Zn 的含量绘制校正曲线。

③试样溶液的测量　在同样条件下,测量试样溶液[7.(4)]和空白溶液[7.(5)]的吸光度,试样溶液的吸光度减去空白溶液的吸光度。

如果必要的话,用 0.6 mol/L 盐酸溶液稀释试样溶液和空白溶液,使其吸光度在校正曲线线性范围之内。

(7)钙、镁、钾、钠的测定

①测量条件　按照仪器说明要求调节原子吸收分光光度计的仪器条件,使在空气-乙炔火焰测量时的仪器灵敏度为最佳状态。Ca、K、Mg、Na 的测量波长如下:

Ca——422.6 nm;

K——766.5 nm;

Mg——285.2 nm;

Na——589.6 nm。

②校正曲线制备　用水稀释 Ca、K、Mg、Na 的标准溶液,每 100 mL 标准稀释溶液加 5 mL 的硝酸镧溶液,5 mL 氯化铯溶液和 5 mL 6.0 mol/L 盐酸。配制一组适宜的校正溶液。

测量镧/铯空白溶液的吸光度。

测量校正溶液吸光度并减去镧/铯空白溶液的吸光度。以修正的吸光度分别对 Ca、K、Mg、Na 的含量绘制校正曲线。

③试样溶液的测量　用水定量稀释试样溶液[7.(4)]和空白溶液[7.(5)],每 100 mL 的稀释溶液,加 5 mL 的硝酸镧,5 mL 的氯化铯和 5 mL 盐酸。

在相同条件下,测量试样溶液和空白溶液的吸光度。用试样溶液的吸光度减去空白溶液的吸光度。

如果必要的话,用镧/铯空白溶液稀释试样溶液和空白溶液,使其吸光度在校正曲线线性范围之内。

8. 结果表示

由校正曲线、试样的质量和稀释度分别计算出 Ca、Cu、Fe、Mn、Mg、K、Na、Zn 各元素的含量。

按照表1-2修约，并以 mg/kg 或 g/kg 表示。

表 1-2　结果计算的修约

含量	修约到	含量	修约到
5～10 mg/kg	0.1 mg/kg	1～10 g/kg	100 mg/kg
10 mg/kg	1 mg/kg	10～100 g/kg	1 g/kg
100 mg/kg 至 1 g/kg	10 mg/kg		

9. 重复性和再现性

（1）重复性　同一操作人员在同一实验室，用同一方法使用同样设备对同一试样在短时期内所做的 2 个平行样结果之间的差值，超过表1-3或表1-4重复性限 γ 的情况，不大于 5%。

表 1-3　预混料的重复性限(γ)和再现性限(R)

元素	含量/(mg/kg)	γ	R
Ca	3 000～300 000	$0.07 \times \overline{w}$	$0.20 \times \overline{w}$
Cu	200～20 000	$0.07 \times \overline{w}$	$0.13 \times \overline{w}$
Fe	500～30 000	$0.06 \times \overline{w}$	$0.21 \times \overline{w}$
K	2 500～30 000	$0.09 \times \overline{w}$	$0.26 \times \overline{w}$
Mg	1 000～100 000	$0.06 \times \overline{w}$	$0.14 \times \overline{w}$
Mn	150～15 000	$0.08 \times \overline{w}$	$0.28 \times \overline{w}$
Na	2 000～250 000	$0.09 \times \overline{w}$	$0.26 \times \overline{w}$
Zn	3 500～15 000	$0.08 \times \overline{w}$	$0.20 \times \overline{w}$

注：$\overline{w}$ 为两结果的平均值(mg/kg)。

表 1-4　动物饲料的重复性限(γ)和再现性限(R)

元素	含量/(mg/kg)	γ	R
Ca	5 000～50 000	$0.07 \times \overline{w}$	$0.28 \times \overline{w}$
Cu	10～100	$0.27 \times \overline{w}$	$0.57 \times \overline{w}$
Cu	100～200	$0.09 \times \overline{w}$	$0.16 \times \overline{w}$
Fe	50～1 500	$0.08 \times \overline{w}$	$0.32 \times \overline{w}$
K	5 000～30 000	$0.09 \times \overline{w}$	$0.28 \times \overline{w}$
Mg	1 000～10 000	$0.06 \times \overline{w}$	$0.16 \times \overline{w}$
Mn	15～500	$0.06 \times \overline{w}$	$0.40 \times \overline{w}$
Na	1 000～6 000	$0.15 \times \overline{w}$	$0.23 \times \overline{w}$
Zn	25～500	$0.11 \times \overline{w}$	$0.19 \times \overline{w}$

注：$\overline{w}$ 为两结果的平均值(mg/kg)。

注：表1-3和表1-4指出的重复性限和再现性限对各元素和范围用 1 个计算式表示。在式中的系数是调查研究一些样品在指出范围中求得的 1 个平均值。在特殊情况下对特定样

禽内科病

品特定元素的测定所得到的值较高,对这些样品没有考虑进去。大多数情况,这些偏差可能是由于样品的均匀度不好而致。

(2)再现性 不同分析人员在不同实验室,用不同设备,使用同一方法对同一试样所得到的两个单独试验结果之间的绝对差值,超过表1-3或表1-4再现性限R的情况,不大于5%。

【考核评价】

禽维生素缺乏症的鉴别

▶ 一、考核题目

维生素是动物生命活动、代谢和生长发育必需的营养物质,虽然家禽对各种维生素的需求量微小,但敏感性很高,一旦维生素缺乏,就会影响其代谢功能,阻碍其生长发育,甚至导致死亡。请你列表制定出禽常见维生素缺乏症的鉴别。

▶ 二、考核标准

禽维生素缺乏症考核标准见表1-5。

表1-5 禽维生素缺乏症考核标准

病名	特征症状	防治药物	需求量
维生素A缺乏症	分泌上皮、黏膜角质化、夜盲症、干眼症、生长停滞	维生素A	1 500~4 000 IU/kg饲料
维生素B_1缺乏症	多发性神经炎,"观星状"姿势	硫胺素	1~2 mg/kg饲料
维生素B_2缺乏症	趾爪内卷呈"握拳状",飞节着地	核黄素	2~3 mg/kg饲料
维生素B_6缺乏症	食欲下降、骨短粗和神经症状	维生素B_6	3~4.5 mg/kg饲料
维生素B_{12}缺乏症	恶性贫血	维生素B_{12}	4 μg/kg饲料
泛酸缺乏症	皮炎、羽毛生长受阻和粗糙	泛酸钙	蛋鸡:2.2 mg/kg饲料;其他家禽:10~15 mg/kg饲料
烟酸缺乏症	口炎、下痢、跗关节肿大	色氨酸和烟酸	雏鸡:26 mg/kg饲料,生长鸡:11 mg/kg饲料,蛋鸡:1 mg/kg饲料
叶酸缺乏症	发育迟缓,羽毛生长不良,发生软脚症	维生素B_{12}	0.25~0.8 mg/kg饲料
维生素D缺乏症	雏鸡佝偻病,薄壳蛋和软壳蛋,产蛋率下降	维生素D_3	200~500 IU/kg饲料
维生素E缺乏症	脑软化症、渗出性素质、白肌病和繁殖障碍	维生素E	10~20 IU/kg饲料
维生素K缺乏症	全身出血性素质	维生素K	1~2 mg/kg饲料

【知识链接】

1. DB34/T 2256—2014,家禽代谢试验技术规程,安徽省质量技术监督局,2015-01-17。

2. DB37/T 671—2007,畜禽饮用水、畜禽产品加工用水中五种阴离子的同步测定离子色谱法,山东省质量技术监督局,2007-05-01。

3. DB42/429—2007,猪禽饲料中砷、铜、硒允许量,湖北省质量技术监督局,2007-04-01。

4. DB61/T 391—2007,畜禽水产用维生素预混合饲料,陕西省质量技术监督局,2007-05-01。

5. DB61/T 392—2007,畜禽复合预混合饲料,陕西省质量技术监督局,2009-05-01。

6. DB61/T 557.10—2012,富硒畜禽配合饲料,陕西省质量技术监督局,2012-11-30。

7. GB/T 27534.9—2011,畜禽遗传资源调查技术规范 第9部分,家禽国家质量监督检验检疫局,2012-03-01。

8. GB/T 5916—2008,产蛋后备鸡、产蛋鸡、肉用仔鸡配合饲料,国家质量监督检验检疫局,2009-02-01。

9. NY/T 1337—2007,肉用家禽饲养 HACCP 管理技术规范,2007-07-01。

10. NY/T 471—2010,绿色食品畜禽饲料及饲料添加剂使用准则,农业部,2010-09-01。

11. NY 5030—2006,无公害食品畜禽饲养兽药使用准则,农业部,2006-04-01。

12. NY 5032—2006,无公害食品畜禽饲料和饲料添加剂使用准则,农业部,2006-04-01。

中 毒 病

任务二十二　食盐中毒

食盐中毒是指家禽摄取食盐过多或连续摄取食盐而饮水不足，导致中枢神经机能障碍的疾病，其实质是钠中毒。有急性中毒与慢性中毒之分。任何日龄的禽均可发生，以大量饮水、剧烈下痢、皮下水肿、大批死亡为主要特征。

[病因]

饲料中添加食盐量过大，或大量饲喂含盐量高的鱼粉，同时饮水不足，即可造成家禽中毒。家禽中以鸡、火鸡和鸭最常见。正常情况下，饲料中食盐添加量为 0.25%～0.5%。当雏鸡饮服 0.54% 的食盐水时，即可造成死亡，饮水中食盐浓度达 0.9% 时，5 d 内死亡率达 100%。饲料中添加 20% 食盐，只要饮水充足，不至于引起死亡。饮水充足与否，是食盐中毒的重要原因。饲料中其他营养物质，如维生素 E、钙、镁及含硫氨基酸缺乏时，可增加家禽对食盐中毒的敏感性。

[症状]

精神沉郁，食欲下降或废绝，饮欲异常增强，饮水量剧增。口、鼻流黏液，嗉囊肿胀，水泻。肌肉震颤，两腿无力，运动失调，行走困难或瘫痪。呼吸困难，最后衰竭死亡。雏鸭还表现不断鸣叫，盲目冲撞，头向后仰或仰卧后两腿泳动，头颈弯曲，不断挣扎，很快死亡。

（1）急性中毒　鸡群突然发病，饮水骤增，大量鸡围着水盆拼命喝水，嗉囊膨大严重，水从口中流出亦不愿离开水源。部分病鸡表现呼吸困难、喘息明显。中毒鸡群普遍下痢，排稀水状消化不良的粪便，检查鸡群时，可听到病鸡排稀便时发出的响声。许多营养状况良好的鸡突然死亡，中毒死亡鸡的口角有血水流出。

（2）慢性中毒　鸡群发病缓慢，饮水量逐渐增多，由于现代集约化养殖的鸡多采用自动给水，故鸡饮水增多的现象不易被发现。随着病程的发展，病鸡鸡冠色泽深红，冠峰黑紫（彩图 2-1 和彩图 2-2）。粪便变化是慢性食盐中毒的重要特征。粪便由干变稀，由稀水样变为稀薄的黄绿色。采食量下降，死亡率增高，产蛋鸡群产蛋量下降，蛋壳变薄，出现砂粒、薄皮、畸形蛋等。由于下痢的刺激，鸡的输卵管发生不同程度的炎症，产蛋时输卵管回缩缓慢，发生脱肛、啄肛等并发症。

彩图 2-1　鸡冠色泽深红　　　　　　　　彩图 2-2　鸡冠冠峰黑紫

[剖检变化]

可见皮下组织水肿，食道、嗉囊、胃肠黏膜充血、出血、脱落，肠管松弛。心包积液，心脏出血，肺水肿。脑血管扩张充血，并有针尖状出血。急性中毒死亡的雏鸡与成年鸡，营养状况良好,胸部肌肉丰满,色泽苍白。皮下积有数量不等的渗出液,由于皮下水肿,跗部变得十分丰润。肝脏肿大,质地变硬,色泽变淡、红白相间(水肿和瘀血交替所致)。肾脏肿大。急性中毒的产蛋鸡,除有上述症状外,卵巢充血、出血明显。慢性食盐中毒的产蛋鸡,肠黏膜、卵巢充血、出血,卵泡变性坏死,输卵管炎或腹膜炎。

[诊断]

根据鸡的临床症状、病理特征与食盐增加史,即可做出诊断。

(1)有摄取过量食盐而饮水不足的病史。

(2)有烦渴、腹泻及神经症状。

(3)有脏器组织水肿、出血等病理变化。

(4)鉴别诊断:要注意与聚醚类抗生素中毒、禽脑脊髓炎等鉴别。

(5)测定饲料中食盐含量。

[防治]

(1)立即停喂含食盐的饲料和饮水。

(2)给予清洁的水或5%葡萄糖溶液。严重中毒时,忌暴饮,采取多次、少量、间断的方式饮水。

(3)严格控制饲料中食盐添加量,给予充足饮水。

任务二十三 一氧化碳中毒

一氧化碳俗称煤气,是煤炭在氧气供应不足的情况下燃烧所产生的一种无色、无臭、无味的气体,吸入后易与血红蛋白结合使其失去携带氧的能力,导致全身组织缺氧。禽一氧化碳中毒又称禽煤气中毒,是指禽吸入了大量的一氧化碳后引起全身组织缺氧,而表现为呼吸困难甚至死亡的中毒病。

[病因]

育雏室如果使用燃煤的方式供热,在没有烟筒、烟筒堵塞、呛风倒烟,禽舍通风不良等情况下均可造成一氧化碳在禽舍内蓄积。一氧化碳经呼吸进入禽类体后,因它与血红蛋白的亲和力比氧气高200～300倍,造成血液失去运输氧的能力,导致机体全身各组织缺氧。如雏鸡在含0.2%的一氧化碳环境中2～3 h,成年鸡在含3%的一氧化碳环境中数十分钟即可中毒死亡。

[症状]

雏鸡轻度中毒时,表现为精神不振、运动减少,采食量下降,羽毛松乱,生长发育迟缓。严重中毒时,首先表现为烦躁不安,紧接着出现呼吸困难,运动失调,昏迷、嗜睡,头向后仰,最后惊厥死亡。

[剖检变化]

轻度中毒的病鸡无明显的病理变化。严重中毒的病鸡,剖检可见血液呈鲜红色或樱桃红色,肺色泽鲜红,嗉囊、胃肠道内空虚,肠系膜血管呈树枝状充血,皮肤和肌肉充血、出血,心、肝、脾肿大,心肌坏死(彩图2-3)。

彩图2-3 脾脏肿大

[诊断]

根据发病鸡舍有燃煤取暖的情况、本病的临床症状及剖检变化，结合实验室检验病鸡血液中血红蛋白含量即可做出诊断。

[防治]

（1）发现鸡群中毒后，应立即打开鸡舍门窗或通风设备进行通风换气，同时还要尽量保证鸡舍的温度，饲养人员也要做好自身防护。病鸡吸入新鲜空气后，轻度中毒鸡可自行康复。对于中毒较严重的鸡只皮下注射糖盐水及强心剂，有一定的疗效。为防止继发感染可用抗生素类药物全群给药。

（2）鸡舍和育雏室采用烧煤取暖时应通风换气，保证室内空气流通，经常检查取暖设施，防止烟筒堵塞、倒烟、漏烟；舍内要有通风换气设备并定期检查。

任务二十四　棉籽饼中毒

棉籽饼中毒是指因过量或长期连续饲喂未经脱毒处理的棉籽饼，导致棉酚在体内蓄积，引起家禽实质细胞损伤的疾病，其实质是棉酚中毒。

[病因]

大量应用或少量连续饲喂未经脱毒处理的棉籽饼，可导致中毒发生。棉籽饼中毒的实质是棉酚及其衍生物。棉酚在棉籽饼内以结合棉酚和游离棉酚两种形式存在，一般认为结合棉酚是无毒的。棉籽饼的毒性与其加工工艺有很大的关系，冷榨棉籽饼的毒性大；而高温高压榨油法，使游离棉酚减少，降低棉籽饼的毒性，即便如此，棉籽饼在饲料中的添加量也不应超过 8%～10%。饲料中维生素 A、钙、铁及蛋白质不足（不宜形成结合棉酚）时，也会促使发生棉酚中毒。

[症状]

中毒禽类表现为精神沉郁，食欲减退，消瘦，拉黑褐色带黏液、血液和肠黏膜的稀粪。蛋鸡开产延迟，蛋重、产蛋率和孵化率均降低。鸡蛋品质降低，蛋黄和蛋白出现粉红色异常颜色，煮熟的蛋黄较坚韧有弹性，称为橡皮蛋。严重时，呼吸困难，并有抽搐等神经症状。

[剖检变化]

皮下胶冻样水肿，腹腔积水，肝脏呈土黄色、实质脆弱，肺充血、水肿、出血，心肌变性，肠黏膜肿胀、出血并有溃疡，内容物呈暗褐色。公鸡睾丸发育不良，母鸡卵巢极度萎缩。

[防治]

（1）发现中毒时，立即更换饲料。

（2）急性中毒可采用 0.01% 高锰酸钾溶液，连续饮水 4～5 d。1.5% 葡萄糖溶液、速补-14 或维康安保强等，连续饮水 4～5 d。

（3）注意日粮的搭配，适量补充钙和维生素 A。限制棉籽饼饲喂量和持续饲喂时间，蛋鸡饲料中棉籽饼含量不得超过 8%，连续饲喂 30 d，停喂 15 d。产蛋鸡和种鸡不宜饲喂。将棉籽饼进行脱毒处理，蒸煮 2 h，或用 2.5% 的硫酸亚铁浸泡 24 h，用水清洗后适量添加。

任务二十五　菜籽饼中毒

菜籽饼中毒是由于家禽采食过量含有芥子苷的菜籽饼而引起的以胃肠炎,甲状腺、肝、肾肿大,产蛋率和孵化率下降,蛋有腥味等为临床特征的一种中毒病。主要发生于鸡,且雏鸡比成年鸡易发。

[病因]

菜籽饼是油菜的种子提油后的副产品,含蛋白质 35%～41%、粗纤维 12.1%,硫氨基酸含量高,是一种高蛋白饲料。菜籽饼中含有芥子苷、芥子碱,在胃肠道内芥子酶等的作用下水解为异硫氰丙烯酯、异硫氰酸盐、硫酸氢钾等物质,从而对禽类产生毒害作用。

引起中毒的原因主要是菜籽饼在饲料中所占比例过大,如果菜籽饼在蛋鸡饲料中占 8%以上、肉鸡后期料中占 10%以上,就会引起中毒。此外,当菜籽饼变质、发热或饲料中缺碘时会加重毒性反应。

[机理]

菜籽饼中的有毒物质主要是芥子苷,即硫葡萄糖苷。硫葡萄糖苷易被葡萄糖苷酶或芥子酶水解,分别生成异硫氰酸酯、异硫氰酸盐、恶唑烷硫酮和氰等。异硫氰酸酯是一种挥发性的辛辣物质,降低饲料的适口性并对胃肠黏膜有刺激作用,引起胃肠炎,导致腹泻,被机体吸收后可引起微血管扩张;血液中此物质含量增高时,能使血容量下降和心率减缓。恶唑烷硫酮有极强的抗甲状腺作用,被称为致甲状腺肿素,它抑制甲状腺过氧化物酶的活性,影响碘的活化,使甲状腺素合成减少,由此引起垂体分泌较多的促甲状腺素刺激甲状腺细胞分泌,但由于抗甲状腺物质的存在,促甲状腺素的增加并不会使血液循环中甲状腺素增加,因此垂体继续分泌并刺激腺细胞,导致甲状腺肿大。此外,机体内芥子碱在肠道分解为芥子酸和胆碱,后者可转化为三甲胺,使鸡蛋带有鱼腥味。

[症状]

(1)急性中毒　不表现任何症状,突然两腿麻痹倒卧在地,肌肉痉挛,双翅扑地,口、鼻孔流出黏液和泡沫,腹泻,冠、髯苍白或发紫,呼吸困难,很快痉挛而死。

(2)慢性中毒　精神沉郁、食欲降低,采食量下降,粪便干硬或稀薄带血,生长停滞,鸡冠、肉髯苍白,产蛋量下降,且常产小型蛋、破壳蛋、软壳蛋,蛋壳表面不平,蛋有腥味,种蛋孵化率降低。

[剖检变化]

病死鸡剖检可见甲状腺肿大,肝脏肿大、出血并沉积有大量的脂肪,肾脏肿大,肠黏膜充血、出血。

[诊断]

主要依据采食添加有菜籽饼的饲料,结合临床症状,建立初步诊断,必要时进行毒物检验和动物饲喂试验确诊。

[防治]

缺乏特效的解毒方法,轻度中毒的立即停喂有毒菜籽饼,改喂其他饲料后即可逐渐恢复。严重中毒可采用对症疗法。

1. 菜籽饼饲喂量

预防本病重在控制菜籽饼的饲喂量。一般而言,后备蛋鸡饲料中菜籽饼含量应限制在5%以下,产蛋鸡限制在3%以下,4周龄以下的雏鸡饲料不要添加菜籽饼。目前,国内外已经培育出"双低"(低芥酸、低硫苷)油菜品种,其芥子苷含量是常规品种的1/3(40 mmol/kg)。

2. 菜籽饼脱毒

菜籽饼在家禽饲料中添加,需要进行脱毒处理。去毒处理方法很多,如溶剂浸出法、微生物降解法、化学脱毒法、挤压膨化法等,现介绍以下两种:

(1)化学脱毒法 二价金属离子铁、铜、锌的盐,如硫酸亚铁、硫酸铜和硫酸锌等是硫葡萄糖苷的分解剂,并能与异硫氰酸酯、恶唑烷硫铜形成难溶性络合物,使其不被家禽吸收,因此有较好的去毒效果。氨气与碱(氢氧化钠、碳酸钠、石灰水)曾用作去毒剂,有一定的去毒效果,但往往会降低饲料的营养价值和适口性。

(2)微生物降解法 筛选某些菌种(酵母、霉菌和细菌)对菜籽饼(粕)进行生物发酵处理,不仅可使硫葡萄糖苷、异硫氰酸酯、恶唑烷硫铜等毒素减少,而且还可使可溶性蛋白质和B族维生素有所增加,因此有较好的去毒和增加营养的效果。

任务二十六 黄曲霉毒素中毒

黄曲霉毒素中毒是由于采食了被黄曲霉菌污染的含有毒素的玉米、花生粕、豆粕、棉籽饼、麸皮、混合料或配合料等而引起的中毒病。

[病因]

黄曲霉菌广泛存在于自然界,在温暖潮湿的环境中最易生长繁殖,产生黄曲霉毒素。黄曲霉毒素及其衍生物有20余种,引起家禽中毒的主要毒素有B_1、B_2、G_1、G_2、M_1、M_2,以B_1的毒性最强。

[症状]

(1)雏鸡 表现精神沉郁,食欲不振,消瘦,鸡冠苍白,虚弱,凄叫,拉淡绿色稀粪,有时带血。腿软不能站立,翅下垂。

(2)育成鸡 精神沉郁,不愿运动,消瘦,小腿或爪部有出血斑点,或融合成青紫色,如乌鸡腿。

(3)成年鸡 耐受性稍高,病情和缓,产蛋减少或开产期推迟,个别可发生肝癌,呈极度消瘦的恶病质而死亡。

[剖检变化]

(1)急性中毒 肝脏充血、出血、肿大、坏死,呈黄白色,胆囊充盈。肝细胞脂肪变性,呈空泡状,肝小叶周围胆管上皮增生形成条索状。肾体积肿大,苍白色泽。胸部皮下、肌肉有时出血。肠道出血。

(2)慢性中毒 常见肝硬变,体积缩小,颜色发黄,并呈白色点状或结节状病灶,肝细胞大部分消失,大量纤维组织和胆管增生,个别可见肝癌结节,伴有腹水。心包积水。胃、嗉囊有溃疡,肠道充血、出血。

[诊断]

(1)有食入霉败变质饲料的病史。

(2)有出血、贫血和衰弱为特征的临床症状。

(3)有肝脏变性、出血、坏死等病变为特征的剖检变化。

(4)实验室检查 取饲料样品5 kg分别放在几只大盘内,摊成薄层,在365 nm波长的紫外线灯下观察,若有发出蓝色或黄绿色荧光,则确定饲料中含有黄曲霉毒素。若看不到,将被检物品敲碎后,再检,若仍然看不到,则为阴性样品。

(5)鉴别诊断 注意与磺胺类药物中毒、鸡传染性法氏囊病等鉴别。

[防治]

(1)饲料防霉 严格控制温度、湿度,注意通风,防止雨淋。为防止饲料发霉,可用福尔马林对饲料进行熏蒸消毒;或在饲料中加入防霉剂,如在饲料中加入0.3%丙酸钠或丙酸钙。

(2)染毒饲料去毒 可采用水洗法,用0.1%的漂白粉水溶液浸泡4～6 h,再用清水浸洗多次,直至浸泡水无色为宜。

(3)禽类出现中毒后立即停喂霉变饲料,更换新料,减少饲料中脂肪含量。

(4)饮服5%葡萄糖水、水溶性电解多维或水溶性多种维生素。

任务二十七　霉变饲料中毒

霉变饲料中毒,是禽类采食霉变饲料后,引起的一种急性或慢性中毒病。是现代养禽业中最多见的中毒性疾病之一。雏禽以下痢、生长发育迟缓、病、弱禽增多、死亡迅速等为特征。

[病因]

致病霉菌产生的霉菌毒素是致病的原因。已知有3种毒素对家禽危害最大,即黄曲霉毒素、褐黄曲霉毒素与镰刀菌毒素。

本病一年四季均有发生,但以夏秋梅雨季节发病率最高,因为这两个季节气温高、湿度大,饲料极易霉变。如一批饲料被霉菌污染,所有食用该批饲料的鸡群都会发病,发病时间一般在食用该批饲料的3～5 d内出现。品种、日龄、管理条件等因素,都会影响该病的发病时间,但最迟不超过7 d。

[症状]

(1)雏鸡 食用霉变饲料后的3～5 d内,鸡群首先表现食欲下降,挑食,料槽内剩料较多,同时群内出现相互啄食现象。随着时间的延长,鸡群中出现较多精神沉郁、羽毛松乱、行动无力、藏头缩颈、双翅下垂的病鸡。严重的病鸡,冠髯苍白,排出的粪便带有黏液或白绿色稀水样,并逐渐消瘦,5～7 d后出现死亡,逐渐增多。部分食用霉料过多、中毒较重的鸡只,发生急性死亡。

(2)青年鸡 发病症状基本与雏鸡相同,但其中相互啄食、瘫腿等症状比雏鸡严重。

(3)产蛋鸡 食用霉变饲料5～7 d后出现病状。初期病鸡粪便表面覆盖有一层铜绿色的尿酸盐,但粪便基本成形。随着时间的延长,这种粪便迅速增加,并逐步变成稀水状的黄褐色或白绿色粪便,较严重的病鸡则排出茶水样的稀便,潜血。由于严重下痢,病鸡体温升高,食欲下降或废绝,嗉囊内有酸臭的液体,冠髯颜色由鲜红丰润变为暗红干瘪,失去光泽,最后变为紫黑色,严重者开始零星死亡,较大的鸡群会出现啄食癖,如相互啄食羽毛、肛门等,其中以脱肛、啄肛危害最大,可使许多产蛋鸡输卵管、肠道被啄出而死亡。这是霉菌中毒引起的重要并发症之一。此时鸡群的产蛋量迅速下降,开产不久的蛋鸡产蛋量停止上升,同时出现较多的软皮蛋、薄壳蛋与砂顶蛋。此期种蛋的受精率与孵化率显著下降。

(4)种公鸡　食用霉变饲料后,冠色由鲜红色逐步变为深红色,失去红润光泽。采精时,精液数量明显下降,质量降低,稀薄透明。

[剖检变化]

(1)雏鸡与青年鸡　慢性中毒者营养不良,消瘦明显,胸肌淡红色,严重者胸部皮下有浆液性渗出,胸肌和大腿部肌肉可见红紫色的出血斑点。肝肿体积大,褐紫色,表面有许多灰白色小点或黑紫色斑点,严重者肝表面附有一层白色渗出物。心脏水肿、透亮,脂肪消失。

(2)产蛋鸡与种公鸡　嗉囊内容物酸臭,肝脏表现淡黄褐色,体积肿大,表面许多红色、黑紫色出血点。卵巢上的卵泡变形、坏死呈菜花样或破裂,卵黄流入腹腔,引起腹膜炎。

(3)种公鸡　肝脏、肾脏体积均匀肿大,紫红色泽。胆囊肿大、充满胆汁。睾丸体积缩小。肠黏膜严重充血、出血。

[诊断]

根据鸡群症状、病理变化、饲料霉变史即可做出初步诊断。停用霉变饲料部分病鸡症状消失,可确诊为霉变饲料中毒。

[防治]

(1)饲料应存放于通风干燥的环境,低层与靠墙壁的地方设置隔潮设备。粉碎后的配合饲料,不可存放时间过久,湿度大的季节要随配制随应用。

(2)确定或疑似霉饲料中毒,应立即停止使用,并更换优质饲料,同时在饲料中加入0.06%的土霉素、0.2%的食母生、0.03%的痢特灵,连续使用5~7 d,可用绿豆加甘草熬水喂饮鸡只。

任务二十八　亚硝酸盐中毒

亚硝酸盐中毒是指家禽采食富含亚硝酸盐或硝酸盐的饲料,造成高铁血红蛋白血症,导致组织缺氧的一种急性中毒病。

[病因]

由于采食储藏或加工调制方法不当的叶菜类饲料或作物秧苗等而引起家禽中毒,如青菜、小白菜、菠菜、卷心菜、萝卜叶、油菜、甘薯藤和南瓜藤等。这些植物富含硝酸盐,但受土壤、环境和气候的影响较大。若土壤中重施化肥、除草剂或植物生长刺激剂,可促进植物中硝酸盐的蓄积;若日光不足、干旱或土壤中缺钼、硫和磷,阻碍植物体内蛋白质的同化过程,使硝酸盐在植物中蓄积。如将上述青绿饲料堆放发热、温水浸泡或文火焖煮,都可导致大量的亚硝酸盐产生,这种不良饲料一旦被家禽采食,即可发生中毒。以鸭、鹅多发。

[中毒机理]

在自然界广泛存在的硝酸盐还原菌是导致家禽亚硝酸盐中毒的必备条件,在适宜的条

禽内科病

件下,如温度在 20～40℃,pH 6.3～7.0,潮湿等,该菌可将硝酸盐还原为亚硝酸盐。亚硝酸盐一旦吸收进入血液,迅速使氧合血红蛋白氧化成高铁血红蛋白,血红蛋白失去了携氧能力,从而引起机体缺氧。亚硝酸盐具有扩张血管的作用,导致外周循环衰竭,进一步加重了组织尤其是脑组织的缺氧,导致呼吸困难,神经紊乱。

[症状]

本病发病急、病程较短,一般在食入后 0.5～2 h 发病,呼吸困难,口腔黏膜和冠髯发绀(彩图 2-4)。抽搐,四肢麻痹,卧地不起,严重者很快窒息死亡。

彩图 2-4　鸡冠发绀

[剖检变化]

剖检可见血液不凝固,呈酱油色,遇空气后不变成鲜红色。肺内充满泡沫样液体,肝、脾、肾瘀血,消化道黏膜充血。心包、腹腔积水。心冠脂肪出血。

[诊断]

(1)有饲喂贮藏、加工和调制方法不当的青绿饲料的病史。

(2)有典型缺氧引起的呼吸困难症状。

(3)血液呈酱油色,遇空气不变成鲜红色。

[防治]

(1)不喂堆积、闷热、变质的青绿饲料。贮存青绿饲料应在阴凉处,松散摊放。

(2)不饲喂文火蒸煮的青绿饲料。蒸煮过的青绿饲料不宜久放。

(3)特效解毒　本病可用 1％美蓝水溶液,0.1 mL/kg,肌内注射。同时饮服或腹腔注射 25％葡萄糖溶液、5％维生素 C 溶液。

(4)用盐类泻剂加速胃肠内容物的排出。

(5)更换饲料,禁止饲喂含亚硝酸盐的饲料。

任务二十九　氟中毒

氟中毒是指家禽摄取过多的无机氟化物,而导致以钙代谢障碍为特征的中毒病。有急性中毒与慢性中毒之分。

[病因]

主要是由于利用含氟量高的磷酸钙、磷酸氢钙或石粉作为饲料原料引起的。国家标准规定磷酸氢钙的含氟量低于 0.18％,而劣质的磷酸氢钙含氟量甚至高达 4.16％。这种劣质的磷酸氢钙不经脱氟处理即作为饲料使用,从而造成家禽中毒。有些石粉含氟量高达 1.12％,亦可造成家禽中毒。另外,由于长期饮用含氟量高的水,如西北地区的部分盆地、盐碱地、盐池及沙漠的边缘地下浅层水和部分沿海地区地下深层水等。另外,工业污染地区牧草富集氟,容易造成草食家禽中毒。

[中毒机理]

1. 急性中毒

一方面,氟化物在胃酸作用下,形成氢氟酸,直接刺激胃肠黏膜,引起胃肠炎,另一方面,氟化物或氢氟酸被吸收后,与血液中的钙结合,造成低血钙症,家禽表现肌肉震颤、抽搐等。

2. 慢性中毒

饲料中的氟,在肠道与钙结合,形成不溶性氟化钙,影响钙的吸收利用。氟化物被吸收后与血钙结合,形成不溶性的氟化钙,使血钙降低,导致甲状旁腺机能亢进,骨骼渐进性脱钙,使骨质疏松。氟化物可使成骨细胞代谢紊乱,合成胶原纤维数量减少或质量缺陷,造成骨骼中的骨盐沉积不良,最终引起腿软、骨骼变形及瘫痪等。

[症状]

1. 急性中毒

食欲废绝,呕吐,腹痛,腹泻,呼吸困难,脉搏细数。肌肉震颤,阵发性肌肉痉挛。

2. 慢性中毒

鸭比鸡敏感,幼雏比成禽敏感。雏禽表现站立不稳,两腿向外叉开,呈八字形,跗关节肿大,严重的瘫痪,并有腹泻。最后卧地不起,衰竭死亡。成年家禽采食量下降,羽毛粗乱脱羽,排灰白色水样稀便,病鸡肌肉震颤无力,腿软瘫痪,呈蹲伏状或侧卧,产蛋下降,破损蛋、软壳蛋和畸形蛋明显增加,蛋壳薄而脆,颜色变浅。病程长的生长迟缓、冠苍白、羽毛松乱、无光泽。

[剖检变化]

1. 急性中毒

肠黏膜肿胀、充血、出血。心脏、肝脏和肾脏等出血、变性。

2. 慢性中毒

幼禽消瘦,长骨和肋骨较柔软,易弯曲,肋骨与肋软骨结合部呈串珠样的肿胀。喙质软如橡皮,鸭喙苍白。成年家禽骨骼易折断,骨髓颜色变淡。

[诊断]

1. 病史调查

有采食高氟饲料或摄食氟化物的病史。

2. 临床特征

(1)急性中毒　有胃肠炎和神经机能障碍的临床特征,肠黏膜、内脏器官出血的剖检变化。

(2)慢性中毒　有长骨变形的临床特征,有长骨、肋骨、喙柔软,肋骨和肋软骨结合部呈串珠样肿胀等剖检变化。

3. 鉴别诊断

急性中毒要与鸡新城疫、脑脊髓炎等鉴别;慢性中毒要与钙、磷缺乏症鉴别。

[防治]

(1)立即更换饲料,严禁继续摄入高氟饲料。

(2)急性中毒　在饲料中添加0.1%的硫酸铝,饮水中加入0.5%的氯化钙,连用4～5 d。

(3)慢性中毒　在饲料中补足家禽正常需要的钙、磷量,并适当增加多维素的用量。

(4)严格检测磷酸氢钙、磷酸钙或石粉中的氟含量,禁用氟超标的产品。

(5)在高氟地区,要对饮水进行处理,常用熟石灰或明矾沉淀法。禁止在牧草含氟量高的地区放牧。

尿素中毒是指家禽采食含有尿素的饲料,导致消化道、肝、肾及神经机能障碍的中毒病。

[病因]

由于饲喂了含有尿素的鱼粉、肉骨粉或饼粕类饲料引起。这些饲料原料中的尿素是人为加入的,为了达到提高饲料中粗蛋白的含量、以劣充优的目的。鱼粉中尿素的掺入量一般在 $4\%\sim8\%$,最高达 13%。家禽与反刍动物不同,在胃肠内不能够利用尿素,很容易发生中毒。

[中毒机理]

尿素被摄入后,在胃肠道中被脲酶分解产生氨,氨与尿素刺激胃肠黏膜引起胃肠炎。氨被吸收后,损害肝脏、肾脏及中枢神经系统,如肝、肾出血,肾肿大,且有尿酸盐蓄积或结石等变化。严重的因中枢神经系统受损,昏迷死亡。

[症状]

病禽表现精神沉郁,食欲减退,饮欲增强,口腔有黏液,嗉囊变软,步态不稳,排灰白色、水样稀便,最终消瘦死亡。

[剖检变化]

胃肠壁肿胀、增厚,肠黏膜出血。肝、肾出血,肾肿大。成年鸡往往呈现肾、输尿管结石,腹腔浆膜黏附一层灰白色的尿酸盐。

[诊断]

1. 病史调查

采食了掺有尿素的鱼粉、肉骨粉或饼粕类饲料。

2. 临床特征

腹泻、脱水。

3. 实验室诊断

(1)感官检验　掺有尿素的鱼粉有潮湿感,易结块,有刺鼻的腥臭味。

(2)定性检验　将鱼粉置于三角烧瓶中,再加入等量的水,缓慢加热,若产生具有刺激性的氨气,并使放置瓶口的石蕊试纸变蓝,说明鱼粉中掺有尿素。

4. 鉴别诊断

要与肾型传染性支气管炎区别。

[防治]

(1)对购进的蛋白类饲料原料进行严格的检测,杜绝使用掺有尿素的饲料原料。

(2)立即更换饲料,禁止家禽继续摄入含有尿素的饲料。

(3)急性中毒时,为抑制脲酶的活性,减少肠道内氨的产生,可用 1% 的食醋溶液连饮 1 d。

(4)促进尿酸盐的排除,消除肾肿大,可选用利尿药或护肾宝,连续饮水 $4\sim5$ d。

(5)支持疗法,5% 葡萄糖溶液与电解多维,连续饮水 $4\sim5$ d。

任务三十一　喹乙醇中毒

喹乙醇中毒是指将喹乙醇作为家禽生长促进剂或药物使用时,由于用量过大或大剂量连续应用所引起的中毒病。

[病因]

喹乙醇在防治禽霍乱和促生长方面有较好作用,生产中发生中毒的原因主要是盲目加大用量;拌料不均匀;在全价饲料已添加喹乙醇的情况下,使用喹乙醇治疗鸡病等。一般在饲料中加入 25～30 mg/kg。预防细菌性传染病,一般在饲料中添加 100 mg/kg 喹乙醇,连用 7 d,停药 7～10 d。治疗量一般在饲料中添加 200 mg/kg 喹乙醇,连用 3～5 d,停药 7～10 d。据报道,饲料中添加 300 mg/kg 喹乙醇,饲喂 6 d,鸡就会呈现中毒症状。饲料中添加 1 000 mg/kg 喹乙醇饲喂 240 日龄蛋鸡,第三天即出现中毒症状。喹乙醇在鸡体内有较强的蓄积作用,小剂量连续应用,也会蓄积中毒。

[症状]

精神沉郁,缩头嗜睡,羽毛松乱,食欲下降或废绝,不喜运动,排黄色水样稀粪。鸡喙、冠、颜面及鸡趾呈紫黑色,饮水量增加,腹泻,卧地不动,最后衰竭死亡。轻度中毒时,发病较迟缓,大剂量中毒时,可在数小时内发病。产蛋鸡产蛋量急剧下降,甚至绝产。

[剖检变化]

剖检可见皮肤、肌肉发黑。口腔内有多量黏液,消化道出血尤以十二指肠、泄殖腔严重,腺胃乳头或乳头间出血(彩图 2-5),血液凝固不良,肌胃角质层下有出血斑点,腺胃与肌胃交界处有黑色的坏死区。心脏冠状脂肪和心肌表面有散在出血点,心肌柔软。肺充血和出血,呈暗紫色。肝脏体积肿大且有出血斑,色泽暗红,质脆,切面糜烂多汁,脾、肾体积肿大,质地变脆。成年母鸡卵泡萎缩、变形、出血,输卵管变细。

彩图 2-5　腺胃乳头或乳头间出血

[诊断]

(1)有大剂量或连续应用喹乙醇的病史。

(2)根据特征性症状及剖检变化进行诊断。

(3)鉴别诊断　注意与典型新城疫鉴别。新城疫有呼吸道症状、口流黏液、黄绿色稀便、抗体水平高低差很大。

[防治]

(1)严格控制剂量,并有一定的休药期。

(2)立即更换饲料,停止应用喹乙醇。

(3)对中毒鸡采取对症治疗,可饮用口服补液盐或饮用 5% 葡萄糖,同时给予维生素 C 制剂 25～50 mg/(只·d),可肌内注射、饮水或拌料。

(4)百毒解 250 g 加 25 kg 水,5% 葡萄糖溶液,电解多维或速补-14,连饮 3～5 d。

禽内科病

任务三十二 磺胺类药物中毒

磺胺类药物中毒是由于大量使用或长期连续应用磺胺类药物所引起的中毒病。

[病因]

磺胺类药物是防治家禽传染病和某些寄生虫病的一类最常用的化学合成药物。用药剂量过大,或连续使用超过 7 d,即可造成中毒。磺胺药物的治疗剂量与中毒量接近,用药时间过长,就会造成中毒。据报道,鸡饲喂含 0.5% SM_2 或 SM_1 的饲料 8 d,可引起鸡脾脏出血性梗死和肿胀,饲喂至第 11 天即开始死亡。复方敌菌净在饲料中添加至 0.036%,第 6 天即引起鸡只死亡。另外,维生素 K 缺乏亦可诱发本病。复方新诺明混饲用量超过 3 倍,即可造成雏鸡肾脏严重肿大。

[症状]

1. 雏鸡

精神沉郁,食欲减退,羽毛松乱,生长迟缓或停止,机体虚弱,头部苍白或发绀,黏膜黄染,皮下有出血点,凝血时间延长,排出酱油样或灰白色稀粪。

2. 产蛋鸡

食欲下降,产蛋量降低,产薄壳蛋、软壳蛋或蛋壳粗糙。

[剖检变化]

特征病变为皮下、肌肉广泛性出血,尤以胸肌、大腿肌明显,呈点状或斑块状(彩图 2-6)。血液稀薄。骨髓褪色黄染。肠道、肌胃与腺胃有点状或长条状出血。肝、脾、心脏有出血点或坏死灶(彩图 2-7)。肾脏体积肿大,输尿管增粗,尿酸盐附着。

彩图 2-6　腿部肌肉广泛出血

彩图 2-7　肝脏坏死灶

[诊断]

(1)有超量或连续长时间应用磺胺类药物的病史。

(2)剖检变化　溶血性贫血及全身性广泛性出血。

(3)鉴别诊断　注意与传染性贫血、传染性法氏囊病及球虫病鉴别。还要与新城疫、传染性支气管炎和产蛋下降综合征等引起产蛋下降的传染病鉴别。

[防治]

(1)应用磺胺类药物时间不宜过长,一般连用不超过 5 d,且应用此类药物时给予充足的饮水。应用磺胺类药物时,尽量选用高效低毒的磺胺类药物,如复方新诺明、磺胺喹噁啉、磺胺氯吡嗪等。产蛋禽禁止使用磺胺类药物。

(2)出现中毒症状时,立即更换饲料,停止饲喂磺胺类药物,供给充足饮水。

(3)在饮水中加入 1% 小苏打和 5% 葡萄糖溶液,连饮 3~4 d。

(4)饲料中添加维生素 K_3,5 mg/kg,连用 3～4 d。

任务三十三　呋喃类药物中毒

呋喃类药物中毒是指家禽摄入过量呋喃类药物,引起的以神经症状为特征的中毒病。代表药物有呋喃唑酮(痢特灵)、呋喃西林等。

[病因]

呋喃类药物是一类人工合成的抗菌药物,应用广泛。有呋喃唑酮、呋喃西林、呋喃妥因等,尤以呋喃西林的毒性最大。用药剂量过大或连续用药时间过长、药物在饲料中搅拌不均匀等均可引起中毒。呋喃唑酮的预防剂量(拌料)为 0.01%,连用不超过 15 d;治疗剂量为0.02%,连用不超过 7 d。据报道,饲料中添加量为 0.04%,连用 12～14 d,即可引起鸡中毒;添加量为 0.06%,连用 4～5 d 即可中毒;添加量为 0.08%,连用 3～4 d 即可中毒。临床上用呋喃类药物治疗鸡白痢、盲肠炎、球虫病等,若超剂量用药或使用时间过长,药物在饲料或饮水中搅拌不均等,都会引起中毒。

彩图 2-8　肝脏肿大、
色泽发黄

[症状]

1. 急性中毒

发病迅速,有些表现为精神委顿,站立不稳,腿翅僵直。有些则表现为兴奋不安。病禽初期精神沉郁,羽毛松乱,两翅下垂,缩头呆立,闭眼,站立不稳,或因失去平衡而倒地,甚至角弓反张,食欲下降或废绝。继而出现典型的神经症状,兴奋不安,摇头伸颈、头颈反转,尖声鸣叫,运动失调,无目的向前奔跑,转圈,在飞奔或转圈时突然倒地,倒地后两腿伸直作游泳姿势、角弓反张,抽搐而死。亦有呈昏睡状态,最后昏迷而死。

2. 慢性中毒

主要表现为皮下水肿、腹水和生长不良,呈现腹水症的特征。腹部膨大,按压有波动感。

[剖检变化]

1. 急性中毒

口腔、嗉囊、肠道内有大量的黄色黏液。肠黏膜充血、瘀血、出血。肠道浆膜亦呈黄褐色。心肌变性、变硬、心脏扩张。肝脏肿大呈淡黄色(彩图 2-8)。肌肉、肾脏色泽发黄。

2. 慢性中毒

皮下水肿,有淡黄色渗出液,心包积液,心脏扩张,心室壁变薄,肺脏呈淡红色,切面有大量的淡红色或红色泡沫状液体,腹腔充满淡黄色的液体,肝脏质地变硬、表面凹凸不平。

[诊断]

(1)有过量或连续应用呋喃类药物的病史。

(2)病禽有典型的神经症状。

(3)消化道黏膜和内容物黄染。

(4)鉴别诊断　注意与禽脑脊髓炎、神经型新城疫、维生素 B_1 缺乏症等疾病鉴别。

禽内科病

[治疗]

(1)立即更换饲料,严禁继续给予呋喃类药物。

(2)灌服0.01％～0.05％高锰酸钾水或5％葡萄糖水,并适当补充维生素,成年鸡补充维生素 B_1,25 mg/(只·d),维生素 C,25～50 mg/(只·d),连用3～4 d。

(3)慢性中毒引起腹水症的病例,可试用腹水净、腹水消等药物治疗。

[预防]

使用呋喃类药物时应严格控制剂量,饮水时浓度应为拌料时的一半,因为禽的饮水量比采食量多一倍。饲料中添加呋喃唑酮和呋吗唑酮进行群体治疗时,应按饲料的0.02％～0.04％添加,使用时间不得超过7 d,预防用量为饲料的0.01％～0.02％,连用7 d。呋喃西林水溶性差,不可饮水投药。

任务三十四　高锰酸钾中毒

高锰酸钾中毒是由于家禽在应用高锰酸钾进行饮水消毒时,浓度过高而导致的中毒病。

[病因]

高锰酸钾是畜禽生产中常用的消毒防腐剂,其水溶液与有机物接触能释放出新生态氧,通过氧化作用到达杀菌效果。养鸡场常用高锰酸钾饮水,以预防鸡的某些传染病和肠道疾病,一般饮水浓度应低于0.1％,当超过0.1％浓度,即有发生高锰酸钾中毒的危险。用0.04％～0.05％的溶液连续饮水3～5 d,可使蛋壳变灰,但受精率、孵化率不受影响。成年鸡高锰酸钾的致死量为1.95 g/(只·d),其作用除损伤黏膜外,还损害肾、心和神经系统。

[症状]

口、舌及咽部黏膜发紫、水肿,呼吸困难,流涎,排白色稀便(彩图2-9),头颈伸展,横卧于地。严重者常于1 d内死亡。慢性中毒时,成年鸡产蛋率降低,蛋壳颜色变成灰色。

彩图2-9　白色稀便

[剖检变化]

消化道黏膜都有腐蚀现象和轻度出血,严重者嗉囊黏膜大部分脱落。

[诊断]

(1)病史调查　有口服高锰酸钾溶液的病史。

(2)临床特征　口腔黏膜呈紫红色(高锰酸钾的颜色)。

(3)剖检变化　消化道有腐蚀和出血。

[治疗]

立即停用高锰酸钾溶液,补充足量洁净饮水,一般经3～5 d可恢复。必要时在饮水中加入牛奶或奶粉适量,以保护消化道黏膜。

[预防]

(1)给家禽饮水消毒时,只能用0.01％～0.02％的高锰酸钾溶液,不宜超过0.03％;消毒黏膜、洗涤伤口时,也可用0.01％～0.02％的高锰酸钾溶液;消毒皮肤,宜用0.1％浓度。

(2)用高锰酸钾饮水消毒时,要待其全部溶解后再饮用。

甲醛中毒是由于使用不当,甲醛吸入过量而导致的禽中毒病。

[病因]

甲醛(福尔马林)常作为熏蒸消毒剂进行禽舍的消毒,若使用甲醛熏蒸消毒后,未打开门窗排净余气,尤其在低温时虽有余气而无刺激气味,当禽舍温度升高时甲醛蒸气蒸发,进而引起中毒。也见于错误使用甲醛带禽消毒时引发该病。

[症状]

急性中毒时,病禽精神沉郁,食欲、饮欲均明显下降,流泪、怕光、眼睑肿胀。流鼻液、咳嗽、呼吸困难,甚至张口喘息,严重者产生明显的狭窄音,排黄绿色或绿色稀便,最终因窒息而死亡。

慢性中毒时,病禽精神沉郁,食欲减退,软弱无力,咳嗽,肺部可听到啰音。

[剖检变化]

喉头肿胀,肺充血、水肿。

[诊断]

1. 病史调查

有接触甲醛的病史,禽舍中有强烈刺激性气味。

2. 临床特征

有流泪、流鼻液、呼吸困难和喘鸣声等症状。

3. 剖检变化

喉、气管水肿、充血、出血(彩图 2-10 和彩图 2-11),肺充血、水肿。

4. 鉴别诊断

注意与慢性呼吸道病、传染性支气管炎等鉴别诊断。

彩图 2-10　喉充血

彩图 2-11　喉、气管出血

[治疗]

(1)立即将病禽转移到无甲醛气体的环境中,加强通风和保温。

(2)应用广谱抗菌药物,如恩诺沙星、泰乐菌素等。

[预防]

(1)应在进鸡前 7 d 对鸡舍进行熏蒸消毒,密闭消毒 1 d 后,通风排净余气,提高鸡舍温度后,仍无刺激性气味,方可进雏。

(2)严禁使用甲醛带禽消毒。

禽内科病

任务三十六　聚醚类离子载体抗生素中毒

聚醚类离子载体抗生素中毒是指家禽过量摄入该类抗球虫药物,引起体内阳离子代谢障碍的中毒病。代表药物有牧宁菌素、盐霉素和马杜拉霉素等。家禽对该类药物敏感。

[病因]

由于过量应用聚醚类离子载体抗生素所致。该类药物包括牧宁菌素、盐霉素、拉沙里菌素、甲基盐霉素和马杜拉霉素等,是常用的抗球虫药物。北京鸭、成年火鸡、珍珠鸡分别采食含牧宁菌素 $158\sim170\,mg/kg$、$200\,mg/kg$、$90\sim100\,mg/kg$ 的饲料时,则发生瘫痪。马杜拉霉素的常规用量的混饲浓度为 $5\,mg/kg$,超过 $6\,mg/kg$ 则会明显抑制肉鸡生长,混饲浓度达到 $10\,mg/kg$ 连用 $4\,d$,或 $20\,mg/kg$ 连用 $2\,d$ 以上,就会引起中毒。

[中毒机理]

聚醚类离子载体抗生素妨碍细胞内外阳离子的传递,抑制 K^+ 向细胞内转移和 Ca^{2+} 向细胞外转移。导致线粒体的功能障碍,如能量代谢障碍等。尤其对肌肉的损伤严重。聚醚类药物用量过大时,引起机体细胞内钾离子丢失、钙离子过多,组织细胞,特别是神经细胞的功能障碍。

[症状]

轻者精神沉郁,羽毛蓬乱,腿软无力,行走不稳,喜卧,食欲降低,饮欲增强,排水样稀便。有的口流黏液,嗉囊积食,两翼下垂,两腿向外侧伸展,不愿活动,随后发生瘫痪。病鸡伏卧,颈腿伸展,头颈贴于地面。病鸡排稀软粪便,最后口吐黏液而死。成年鸡除表现麻痹和共济失调等症状外,还表现为呼吸困难。慢性中毒表现为生长受阻。重者饮食欲废绝,出现神经症状,如颈部扭曲、双翅下垂,或两腿后伸、伏地不起,或兴奋不安、狂蹦乱跳。

[剖检变化]

剖检可见肝脏肿大,质脆,瘀血。十二指肠黏膜呈弥漫性出血,肠壁增厚,肌胃角质层易剥离,肌层有轻微出血。肺脏出血。肾脏肿大、瘀血,有的肾脏充满尿酸盐。心脏冠状脂肪出血(彩图 2-12),心外膜上出现不透明的纤维素斑(彩图 2-13)。腿部及背部的肌纤维苍白、萎缩。

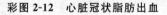

彩图 2-12　心脏冠状脂肪出血

彩图 2-13　心外膜被覆大量纤维素

[诊断]

1. 病史调查

有超量使用聚醚类离子载体抗生素的病史。

2. 临床特征

运动失调、瘫痪或兴奋不安。

项目二　中毒病

3. 剖检变化

肠道及内脏器官出血。

4. 鉴别诊断

注意与食盐中毒、新城疫、禽脑脊髓炎等区别。

[治疗]

(1)立即停喂含聚醚类抗生素的饲料。

(2)用电解多维和5％葡萄糖溶液饮水,或在水中加入维生素C,连用4～5 d。

[预防]

(1)拌料时,一定搅拌均匀。

(2)不可随意增加用量。

(3)避免多种聚醚类抗生素联合应用。

任务三十七　有机磷农药中毒

有机磷农药中毒是指家禽误食、吸入或皮肤接触有机磷农药,而引起胆碱酯酶失活的中毒病。常见的有机磷农药有1059、1605、3911、乐果、敌敌畏、敌百虫等。家禽对其特别敏感。

[病因]

由于对农药管理或使用不当,致使家禽中毒。如用上述药物在禽舍杀灭蚊、蝇或投放毒鼠药饵,被家禽吸入;草食家禽采食喷洒过农药不久的蔬菜、农作物或牧草;饮水或饲料被农药污染;使用此类药物防治禽类寄生虫病时用法或用量不当;其他意外事故等。

[中毒机理]

有机磷进入体内,与胆碱酯酶结合,形成稳定的磷酰化胆碱酯酶,导致乙酰胆碱大量蓄积,而呈现典型的毒蕈碱样作用和烟碱样作用。

[症状]

最急性病例往往无明显症状,突然死亡。典型病例表现为流涎、流泪、瞳孔缩小,肌肉震颤、无力,共济失调。呼吸困难,冠、髯发绀,下痢。最后呈昏迷状态,体温下降,卧地不起,最后因窒息死亡。

彩图 2-14　肝脏
肿大,被膜易剥离

[剖检变化]

由消化道食入者常呈急性经过,消化道内容物有一种特殊的蒜臭味,胃肠黏膜充血、肿胀,易脱落。肺充血水肿,肝、脾肿大,肾肿胀,被膜易剥离(彩图 2-14)。心脏点状出血,皮下、肌肉有出血点。病程长者有坏死性肠炎病变。

[诊断]

1. 病史调查

患禽有与有机磷农药接触史。

2. 临床特征

毒蕈碱样症状主要表现为流涎,流泪,瞳孔缩小,呼吸困难,下痢。烟碱样症状主要表现为肌肉震颤,共济失调。

3. 病理变化

消化道内容物有特殊的蒜臭味。

4. 实验室检验

血液胆碱酯酶活性降低。

[治疗]

1. 一般急救措施

清除毒源,经皮肤接触染毒的,可用肥皂水或2％碳酸氢钠溶液冲洗(敌百虫中毒不可用碱性药液冲洗)。经消化道染毒的,可用1％硫酸铜内服催吐或切开嗉囊排除含毒内容物。

2. 特效药物解毒

常用的有双复磷或双解磷,成禽肌注40～60 mg/kg;同时配合1％硫酸阿托品每只肌注0.1～0.2 mL。

3. 支持疗法

电解多维和5％葡萄糖溶液饮水。

[预防]

要科学管理和使用农药,严禁饲喂被有机磷农药污染的植物、牧草或饲料。

任务三十八　有机氯中毒

有机氯中毒是指家禽摄入有机氯农药引起的以中枢神经机能紊乱为特征的中毒病。有机氯农药包括六六六、滴滴涕(DDT、二二三)、氯丹、碳氯灵等。

[病因]

应用有机氯农药杀灭体表寄生虫时,用量过大或体表接触药物的面积过大,经过皮肤吸收而中毒;采食被该类农药污染饲料、植物、牧草或拌过农药的种子而引起中毒;饮服了被有机氯农药污染的水而中毒。因这类农药对环境污染和对人类的危害大,我国已停止生产。但还有相当数量的有机氯农药流散在社会,由于管理使用不当,引起家禽中毒。

[症状]

急性中毒时,先兴奋后抑制,表现不断鸣叫,两翅扇动,角弓反张,很快死亡。病程稍长者,则很快转为精神沉郁,肌肉震颤,共济失调,卧地不起,呼吸加快,口、鼻分泌物增多,最后昏迷、衰竭死亡。慢性中毒时,常见肌肉震颤,消瘦,多从颈部开始震颤,再扩散到四肢。预后不良。

[剖检变化]

腺胃、肌胃和肠道出血、溃疡或坏死(彩图2-15)。肝脏肿大、质地变硬,肾脏肿大、出血,肺脏出血。

[诊断]

1. 病史调查

家禽接触有机氯农药的发病史。

2. 临床特征

典型的神经症状。

彩图2-15　肠道出血

3. 病理变化

消化道及实质器官出血。

4. 鉴别诊断

注意与呋喃类药物中毒、禽脑脊髓炎等疾病鉴别。

[治疗]

立即查出中毒原因,消除毒源。

1. 一般解毒

每只病禽肌注阿托品 0.2～0.5 mL。

2. 清除毒物

若毒物由消化道食入,则用 1%石灰水灌服,每只禽 10～20 mL,有利于消化道毒物排出。若经皮肤接触而引起中毒,则用肥皂水刷洗羽毛和皮肤,每只禽灌服硫酸钠 1～2 d。

3. 支持疗法

饮服 5%葡萄糖溶液和电解多维。

[预防]

禁止使用有机氯农药。

任务三十九　砷及砷化物中毒

家禽误食含砷农药处理过的种子,采食喷洒过含砷农药的作物、牧草和蔬菜,及饮用被砷化物污染的水而引起中毒病。

[病因]

砷农药管理不当,污染饲料、饮水是导致禽砷及砷化物中毒的注意原因。也可因为使用 3-硝基-4-羟基苯胂酸或对氨基苯胂酸不当而引起中毒。有资料报道,食源性的五价砷在维生素 C 作用下,可以转化成三价砷,引起鸡中毒。

[症状]

食欲不振,双翅下垂,羽毛蓬乱,颈部肌肉震颤,头偏向一侧,口流黏液,冠髯发绀,体温下降,排带血稀便。

[剖检变化]

消化道黏膜充血、出血、肿胀。肝、肾、心脏脂肪变性,有出血斑点。

[诊断]

1. 病史调查

有接触砷及砷化物的病史。

2. 临床特征

神经症状、流涎、腹泻。

3. 病理变化

消化道黏膜充血、出血、肿胀。实质器官变性、出血。

[治疗]

查找病因,更换饲料、饮水,阻断毒物继续侵入机体。

禽
内
科
病

1. 一般解毒疗法

若砷化物进入消化道时间较短,还未被吸收,可采取消化道沉淀解毒,硫酸亚铁 10 g、常水 250 mL,氧化镁 15 g、常水 250 mL。临用时将两药混合成粥样,鸡灌服 5～10 mL,3 次/d。砷化物已经被吸收,肌内注射二巯基丙醇,鸡 0.1 mL/kg,连用 6 d,第一天每隔 4 h 用药一次,以后每天注射一次。也可用硫代硫酸钠,5 mg/(只·次),肌内注射,3 次/d,连用 10 d。

2. 支持疗法

5％葡萄糖溶液和电解多维饮水。

[预防]

(1)加强对砷及砷化物的使用管理,禁止家禽摄入。

(2)使用有机砷制剂作为促生长剂时,不宜与维生素 C 配伍。

任务四十　二噁英中毒

二噁英中毒是有毒化学物质二噁英污染饲料、饮水,导致禽发生的危害严重的中毒病。二噁英是一种毒性很大的含氯污染物,共有三大类。第一类为二噁英结构,称为多氯代二苯并二噁英,共有 75 种同类物;第二类为二苯呋喃环结构,当氯取代时称为氯代二苯并呋喃,共有 135 种同类物;第三类为联苯结构,当氯取代时称为多氯联苯,共有 209 种同类物。当以上三类共计 419 种同类物中苯环上的 2、3、7、8 位上的氢被氯取代时,形成了 30 种具有较强毒性的同类物,其中以 2,3,7,8-四氯-2-苯基-并-二噁英（TCDD）的毒性最强,称为"世纪之毒",又因其能损害机体免疫系统功能,故又称为"化学艾滋毒"。

[病因]

大部分二噁英是化学工业以氯苯为母体生产化工产品过程中的副产品。焚烧生活垃圾和化学废弃物,如塑料、橡胶、秸秆、木材等也能产生二噁英,汽车尾气中含有二噁英,六六六热解、制备三氯苯、纸浆漂白是产生二噁英的重要污染源。人类食物和动物饲料常为外源性污染。

二噁英主要经污染的饲料、饮水和空气进入动物体内。空气中的二噁英随尘埃降落后被植物叶面吸收,随降水进入土壤被植物根部吸收。二噁英不溶于水,但可被淤泥吸附,在污染的水中,水生植物和动物可以富集,并经食物链传递,最终进入人体。

[危害]

二噁英是已知毒性最强的化合物之一,WHO 和我国 1997 年将其列为最高级的剧毒或极毒化合物(大鼠 LD_{50}＜1 mg/kg 体重),其毒性比氰化物高 50～100 倍。

二噁英具有强致癌性,可诱发肝、肺、黏膜和皮肤的癌变。

二噁英具有免疫毒性,抑制机体免疫系统功能,引起机体对感染和癌细胞的抵抗力降低,且与寄生虫(如旋毛虫)和病毒(如流感病毒)有协同作用。

[中毒机理]

可能是多种发病机理综合作用的结果。二噁英的主要毒性是由 AH 受体介导的。AH 受体是一种特异性的细胞内二噁英结合蛋白,与二噁英结合后可在转录水平上控制基因表达,引起致癌、致畸和免疫毒性。二噁英也可能与其他靶组织细胞膜上的上皮生长因子受体竞争性结合,改变蛋白激酶的活性,影响变形生长因子(TGF)和干扰素(TL)等多个特异基因的表达。二噁英也可升高血浆中的游离色氨酸水平而增强5-羟色胺等。TCDD可引起严重的肝损害。

[症状]

呼吸困难,腹部及皮下水肿,精神萎靡、昏睡。雏鸡症状严重且死亡率高,产蛋鸡死亡较少但产蛋率下降。全身麻痹,胃肠功能紊乱,严重者肝功能受损,黄疸,昏迷,甚至死亡。

[诊断]

目前检测二噁英的主要方法是气相色谱法与质谱法联用,目前,国际上认可的权威检测机构是英国 Narwich 的 CLS 食品科学实验室、中国科学院武汉长江水产研究室等。

[防治]

目前无特效治疗方法,应注意加强预防,需加强饲料检测、环境保护,保障动物饲料和食品安全。

任务四十一　灭鼠药中毒

一、磷化锌中毒

磷化锌是常用的灭鼠剂,其灭鼠毒力大、效果好,但对禽类具有毒害作用,禽中毒致死量为 7～15 mg/kg 体重。当禽类误食毒饵或沾染磷化锌的饲料时,即可引起中毒。

磷化锌进入胃后,与盐酸作用生成极毒的磷化氢气体,吸收后可破坏机体的新陈代谢,并损害内分泌系统、神经系统、造血器官及肝脏、肾脏等,造成这些器官系统的功能障碍。

[症状]

精神沉郁,结膜潮红,口腔黏膜及咽部溃烂;消化机能紊乱,食欲减退,饮欲增加,腹泻,粪便有大蒜臭味;颈部及腿部肌肉颤抖,共济失调;呼吸困难,心动过速。最后昏迷、抽搐而死。

[剖检变化]

口腔黏膜溃烂,胃肠黏膜充血、出血、脱落,其内容物有大蒜味;气管内充满白色胶样分泌物和泡沫,肺瘀血、水肿;肝瘀血、肿胀;肾脏发炎;腹腔内有暗红色渗出液。

[诊断]

根据病史、症状、病理变化,并采取胃内容物及饲料进行毒物分析,可做出诊断。

[防治]

(1)加强磷化锌的保管和使用,灭鼠时严防误食毒饵。

(2)先用 5%碳酸氢钠溶液或 0.05%～0.1%高锰酸钾溶液洗胃,然后口服盐类泻剂,静脉注射葡萄糖和生理盐水,并给予对症治疗。

二、氟乙酰胺中毒

氟乙酰胺为有机氟灭鼠剂,也作为内服杀虫剂,高效、毒力大。禽类误食其毒饵或沾染氟乙酰胺的饲料,即可引起中毒。

氟乙酰胺进入禽体后,转变为氟柠檬酸,后者阻断了三羧酸循环,破坏细胞的正常功能,造成禽体中枢神经系统及心脏的损害,从而引起痉挛、抽搐、心律不齐、心室颤动等症状。

[症状]

病禽出现典型的神经症状,表现惊厥,离群或横冲直撞,或呈仰卧姿势。兴奋与抑制交替发作,常常是在兴奋过后,全身发抖,呼吸急促,心跳加快,走路摇摆,流泪,流黏液性鼻液。羽毛松乱,精神沉郁,卧地不起,呈麻痹状。有的出现癫痫样抽搐,头颈扭向后背或伸入腹侧,两脚剧烈划动,翻滚,严重者强直性痉挛死亡。

[剖检变化]

胸腹部皮下有出血点,腹腔内有多量淡红色腹水;心肌变性,心内、外膜有出血斑点;肝脏肿大、质脆易碎、色泽变淡,切面多汁;胆囊肿大到正常的2倍,其中充满黄绿色浓稠胆汁,胆囊壁增厚;肺脏肿大、质脆,切面多汁,并有坏死灶;十二指肠壁弥漫性出血,内容物呈糊状、红染。

[诊断]

根据病史、症状、病理变化,采集剩余饲料或饮水、胃内容物、肝脏或血液,实验室检验,检出氟乙酰胺即可确诊。

[防治]

(1)预防应注意在用氟乙酰胺灭鼠时,严防禽类误食毒饵。

(2)治疗原则是尽快排除毒物,及时用特效解毒药,并给予对症治疗。具体做法是:经口腔灌服白酒3～5 mL,随后灌服清水12～18 mL,病禽即呈昏睡状;3 h后再重复灌1次;洗胃,给予盐类泻剂,并静脉注射葡萄糖;使用特效解毒药乙酰胺(解氟灵)。

三、安妥中毒

安妥,即 α-萘硫脲,为灰白色粉末,无臭无味,是常用的杀鼠剂之一。商品为蓝色粉末,通常用其1%～3%的浓度与肉或其他食物混合作为毒饵。禽类常因误食其毒饵或沾染安妥的饲料而引起中毒。安妥对禽的口服 LD_{50} 为每千克体重2 500～3 000 mg。多发生于雏鸡。

安妥可经肠道迅速吸收并分布于全身,其分子中的硫脲部分可水解为 CO_2、NH_3、H_2S 等,从而对局部组织产生刺激作用,引起胃肠炎。安妥可导致毛细血管通透性增加,引起肺水肿进而造成严重的呼吸衰竭。

[症状]

病鸡精神沉郁,食欲减退,离群呆立,运动失调,衰弱,腹泻;呼吸困难,啰音,张口呼吸(彩图2-16),终因窒息而死亡。

[剖检变化]

心包积液,肺水肿,肝脏脂肪变性。

彩图2-16 病鸡
张口呼吸

[诊断]

根据病史、症状、病理变化,并采取胃内容物及饲料进行毒物分析,可做出诊断。

[防治]

(1)预防应注意在用安妥灭鼠时,严防禽类误食毒饵。

(2)无特效解毒药。治疗原则是尽快排除毒物,并给予对症治疗。给予含巯基药物(如二巯基丙醇或胱氨酸)有利于防止病情发展。

四、敌鼠中毒

敌鼠又名双苯杀鼠酮钠盐,纯净的敌鼠是无臭味的黄色针状晶体,不溶于水;其钠盐为无臭无味的淡黄色粉末,市售商品是1‰敌鼠钠盐。敌鼠是一种抗凝血的敌鼠药。禽类误食其毒饵或沾染敌鼠的饲料,即可引起中毒。

[症状]

中毒一般是慢性经过,没有什么特征性的症状。有些中毒家禽可因内出血而突然死亡。一般病例仅见精神沉郁,冠和肉髯苍白,消瘦、逐渐衰弱,最后可因衰竭而死亡。

[剖检变化]

病禽剖检时可在皮下、肌肉、肝、肾、脾、肠系膜、浆膜上见大量出血点。有时因内脏出血而使胸腔、腹腔内积满血液,胃肠黏膜充血、出血和坏死等。

[诊断]

根据现场调查及广泛出血的病理变化,一般可做出初步诊断,确诊有待于对敌鼠的鉴定。对敌鼠的鉴定可用氢氧化钠法、三氯化铁法。必要时可做病禽血凝时间的测定。

[防治]

(1)预防应加强对毒鼠药的保管,并由专人投放毒饵,防止家禽误食毒饵。如在田间毒鼠,则应设立标记,严禁禽群到放毒饵的地区放牧。

(2)对于中毒后尚未见全身性广泛出血的病例注射维生素K制剂,一般可康复。鸡的剂量是0.5~2 mg/(只·次),1~2次/d,连续使用3~5 d。

【案例分析】

分析以下案例,根据病史、临床症状及实验室诊断,提出诊断方法,制定防治措施。

案例1 某肉鸡场,出现细菌病后,用喹乙醇拌料,每千克体重50 mg,用后鸡群出现精神兴奋不安,很快出现精神沉郁,食欲废绝,排黑色稀软粪便,鸡冠暗红或黑紫色,羽毛蓬乱,蜷缩身躯,行动迟缓或卧地不起。体温正常,病情严重的昏迷、死亡。

案例2 某养鸡户,用自家腌制的咸菜和酱汁拌料,饲喂后很多鸡表现为呼吸困难,摇头伸颈,站立不稳,步态异常,口渴贪饮,结膜潮红,轻度水肿。

案例3 某养鸭户饲养2 000只雏鸭,在3周龄后开始批量发病,并陆续死亡。其临床主要表现为食欲减少,腹泻,步态不稳,死前有抽搐,角弓反张等症状。剖检死亡的雏鸭胸部皮下和肌肉有出血斑点,肝脏肿大、有出血斑点和坏死灶。据了解该群鸭一周前饲喂的玉米有结块变质现象。

【知识拓展】

一、鸡场的消毒技术

鸡场的消毒是预防疾病的重要手段,合理地选择消毒药物和消毒方法是保障消毒效果的关键,实际操作是既要做到有效防治疾病,又要避免对动物机体、环境造成毒性损害,所以

禽内科病

在用药时必须全面考虑药物对鸡生产性能的影响,又要考虑药物在环境和机体中的残留。

1. 消毒药物的选择

(1)饮水用消毒剂的选择　饮水消毒要求所用消毒药物对鸡只的肠道无腐蚀和刺激,一般常选用的药物为卤素类,常用的有次氯酸钠、漂白粉、二氯异氰尿酸、二氧化氯等,有关资料介绍对雏鸡采用低浓度的高锰酸钾饮水,可清理小肠肠道,但具体效果目前还不好判定。

(2)喷雾用消毒剂的选择　喷雾消毒分两种情况,一种是带鸡喷雾消毒,主要应用卤素类和刺激性较小的氧化剂类消毒剂,如双季铵盐-碘消毒液、聚维酮碘、过氧乙酸、二氧化氯等;另一种是对空置的鸡舍和鸡舍内的设备进行消毒,一般选择氢氧化钠、甲酚皂、过氧乙酸等。

(3)浸泡用消毒剂的选择　一般选用对用具腐蚀性小的消毒药物,卤素类是其首选,也可用酚类进行消毒。对于门前消毒池,建议用3%～5%的烧碱溶液消毒。

(4)熏蒸用消毒剂的选择　一般选择高锰酸钾和甲醛,也可用环氧乙烷和聚甲醛,可根据情况进行选择。

2. 鸡场常用消毒药物用法用量

消毒药物用法用量见表2-1。

表2-1　消毒药物用法用量

消毒药物	用法、用量
菌毒敌(也叫复合酚4%～49%苯酚和22%～26%醋酸兑成)	喷雾消毒用于鸡舍、器具、排泄物、车辆,预防时1:300倍稀释,疫病发生和流行时1:(100～200)倍稀释,要求水温不低于8℃,禁与碱性和其他消毒药物混合使用
福尔马林(36%～40%的甲醛溶液)	每立方米空间按甲醛溶液20 mL、高锰酸钾10 g、水10 mL计算用量,一种方法是先将高锰酸钾按甲醛的半量加于金属容器中,然后将规定量甲醛(加适量水稀释,以增加环境中的湿度)慢慢加入其中,此时混合液自动沸腾,从而使甲醛气化;另一种方法是直接加热甲醛,不用高锰酸钾,使之汽化。注意消毒后要及时放气,以释放鸡舍内的甲醛气体
戊二醛	熏蒸:每立方米用1.06 mL 10%的溶液熏蒸鸡舍,喷洒消毒用2%,浸泡消毒用2%溶液浸泡15～20 min。注意水的pH在7.5～8.5最好
氢氧化钠	2%的浓度用于病毒和一般细菌的消毒,5%用于炭疽芽孢的消毒,也可用2%氢氧化钠和5%的石灰乳混合使用,效果更好。注意不要和酸性的消毒药物混用,消毒后及时清洗,防止消毒药物腐蚀物品
氢氧化钙(石灰)	应用生石灰配成10%～20%的石灰乳涂刷墙壁、地面,门前消毒池可用20%石灰乳浸泡的草垫对鞋底和进场的交通工具消毒。该消毒药应现配现用,门前的消毒池内消毒液应一天一换
漂白粉(氯石灰)	1%～5%的消毒液可用于沙门氏菌、炭疽杆菌、大肠杆菌的消毒,10%～20%的混悬液可用于炭疽芽孢的消毒,如用漂白粉精,浓度为漂白粉的1/3,并宜现配现用
二氯异氰脲酸钠(抗毒威)	0.5%～1%用于杀灭细菌和病毒,5%～10%用于杀灭含芽孢的细菌,宜现配现用
二氧化氯	0.01%～0.02%可用于细菌和病毒的消毒,0.025%～0.05%可用于带芽孢细菌0.000 2%可用于饮水、喷雾、浸泡消毒。但应注意水温和水的pH,试验资料表明温度在25℃以下,温度越高,消毒效果越好

消毒药物	用法、用量
过氧乙酸	0.5％用于地面、墙壁的消毒；1％用于体温表的消毒；用于空气喷雾消毒时，每立方米空间用 2％的溶液 8 mL 即可。过氧乙酸对金属类具有腐蚀性；遇热和光照易氧化分解，高热则引起爆炸，故应放置阴凉处保存；使用时宜新鲜配制
百毒杀	饮水用量 0.002 5％～0.005％，喷雾用 0.015％～0.05％，用时根据消毒液含量自己调配
季铵盐	0.004％～0.066％用于鸡舍喷雾消毒，0.003 3％～0.005％用于器具、种蛋，0.002 5％～0.005％用于带鸡消毒，0.002 55％用于饮水消毒
双季铵盐-戊二醛消毒液	1:500～1 000 的浓度用于清洗,喷雾消毒

3. 鸡场消毒的注意事项

(1)药物浓度和作用时间　药物的浓度越高,作用时间越长,消毒效果越好,但对组织的刺激性越大。如浓度过低,接触时间过短,则难以达到消毒的目的,因此,必须根据消毒药物的特性和消毒的对象,恰当掌握药物浓度和作用时间。

(2)消毒剂温度和被消毒物品的温湿度　在适当范围内,温度越高,消毒效果越好,据报道,温度每增加 10℃,消毒效果增强 1～1.5 倍,因此消毒通常在 15～20℃的温度下进行。

(3)环境中的有机物含量　消毒药物的消毒效果与环境中的有机物含量是成反比的,如果消毒环境中有机物的污物较多,也会影响消毒效果,因为有机物一方面可以掩盖病原体,对病原体起保护作用;另一方面可降低消毒药物与病原体的结合而降低消毒药物的作用,所以建议养殖户在对鸡舍消毒时,尽量清理干净鸡舍内的鸡粪、墙壁上的污物,以提高消毒效果。

(4)环境中酸碱度(pH)　环境中的酸碱度对消毒药物药效有明显的影响,如酸性消毒剂在碱性环境中消毒效果明显降低;表面活性剂的季铵盐类消毒药物,其杀菌作用随 pH 的升高而明显加强;苯甲酸则在碱性环境中作用减弱;戊二醛在酸性环境中较稳定,但杀菌能力弱,当加入 0.3％碳酸氢钠,使其溶液 pH 达 7.5～8.5 时,杀菌活性显著增强,不但能杀死多种繁殖性细菌,还能杀死带芽孢的细菌;含氯消毒剂的最佳 pH 为 5～6;以分子形式起作用的酚、苯甲酸等,当环境 pH 升高时,其杀菌作用减弱甚至消失;而季铵盐、氯己定、染料等随 pH 升高而增强。

(5)微生物的敏感性　不同的病原体对不同的消毒药敏感性有很大差别,如病毒对酚类的耐受性大,而对碱性的消毒药物敏感;乳酸杆菌对酸性耐受性大,生长繁殖期的细菌对消毒药较敏感,而带芽孢的细菌则对消毒药物耐受性较强。

(6)消毒药物的颉颃作用　两种消毒药物混合使用时会降低药效,这是由于消毒药的理化性质决定的,所以养殖户在消毒时尽量不要用两种消毒药物配合使用,并且两种不同性质的消毒药使用时要隔开时间。如过氧乙酸、高锰酸钾等氧化剂与碘酊等还原剂之间可发生氧化还原反应,不但会减弱消毒作用,还会加重对皮肤的刺激性和毒性。

(7)喷雾消毒注意事项　消毒前 12 h 内给鸡群饮用 0.1％维生素 C 或水溶性多种维生素溶液;选择刺激性小、高效低毒的消毒剂,如 0.02％百毒杀、0.2％抗毒威、0.1％新洁尔灭、0.3％～0.6％毒菌净、0.3％～0.5％过氧乙酸或 0.2％～0.3％次氯酸钠等;喷雾消毒前,鸡舍内温度应比常规标准高 2～3℃,以防水分蒸发引起鸡受凉造成鸡群患病;进行喷雾时,雾

禽内科病

滴要细。喷雾量以鸡体和网潮湿为宜,不要喷得太多太湿,一般喷雾量按每立方米空间 15 mL 计算,干燥的天气可适当增加,但不应超过 25 mL/m³,喷雾时应关闭门窗;冬季喷雾消毒时最好选在气温高的中午,平养鸡则应选在灯光调暗或关灯后鸡群安静时进行,以防惊吓,引起鸡群飞扑挤压等现象。

另外,许多养殖户用干的生石灰消毒,这是很不科学的。用生石灰消毒时要把生石灰加水变成熟石灰,再用熟石灰加水配成乳浊液进行消毒,一般用熟石灰加入 40%~90%(按重量计)的水,生成 10%~20%的石灰水乳液,泼洒地面即可。

石灰水溶液必须现配现用,不能停留时间过长,否则易使石灰水溶液形成碳酸钙而降低消毒效果;在干燥的天气不要用石灰粉在鸡舍内撒布消毒,以免漂浮在鸡舍内的石灰粉吸入鼻腔和气管,对鸡的鼻腔和气管产生刺激,容易诱发呼吸道病。

4. 建议消毒程序

(1)鸡群出栏后没有清理粪便的鸡舍(出栏后 1~3 d),用过氧乙酸 0.5%喷雾消毒,目的是减少鸡粪对环境的污染。

(2)清理粪便后(出栏后 3~5 d)再用 1%的过氧乙酸对鸡舍和鸡舍外 5 m 内全部喷洒消毒,目的是减少鸡舍内外病原微生物含量。

(3)出栏后 6~9 d,对鸡舍内外彻底清扫,做到三无(无鸡粪、无鸡毛、无污染物),然后用 0.3%的漂白粉冲洗消毒后风干鸡舍,目的是通过清洗和清扫来减少鸡舍内外的病原微生物。

(4)出栏后 10~12 d,用 3%氢氧化钠对鸡舍各个角落喷洒消毒,然后用 20%石灰乳涂刷墙壁、泼洒地面,要求涂匀,泼匀,不留死角,然后少量清水清洗鸡舍。再用高锰酸钾和甲醛熏蒸消毒后密闭鸡舍。

(5)在进雏前 5 d,打开鸡舍,放尽舍内的甲醛气体,然后整理器具,升温,准备进鸡。

二、饲料中有毒有害物质的测定

(一)饲料中亚硝酸盐的测定(盐酸萘乙二胺法)

饲料中的亚硝酸盐是一种较强的氧化剂,其毒性作用主要是使红细胞内正常的氧合血红蛋白中的二价铁氧化为三价铁,形成高铁血红蛋白,丧失了携氧功能,导致机体组织缺氧,造成全身组织特别是脑组织的急性损害,严重的则引起窒息死亡。植物类饲料中的亚硝酸盐含量均很低,动物性饲料鱼粉中的亚硝酸盐含量虽然较高,但也在国家饲料卫生标准规定的允许范围内。如冯学勤(1989)对我国市场上 42 个鱼粉样品的亚硝酸盐含量进行了样品检测,其平均含量为 1.34 mg/kg。饲料中的硝酸盐本身对动物无毒害作用,只有转化为亚硝酸盐才有害,其转化方式有体内和体外转化两种。实际生产中出现的动物亚硝酸盐中毒大多是由于富含硝酸盐的饲料贮存或处理方法不当导致亚硝酸盐含量剧增而引起的。所以,在饲料工业和动物养殖业,必须严格检测和控制饲料中的亚硝酸盐含量。

饲料中亚硝酸盐含量的测定常采用重氮偶合比色法。根据使用的试剂不同又分为 α-萘胺法和盐酸萘乙二胺法,其中盐酸萘乙二胺法为国标法(GB 13085—1991)。

1. 适用范围

本方法适用于饲料原料(鱼粉)、配合饲料(包括混合饲料)中亚硝酸盐的测定。

2. 测定原理

样品在微碱性条件下除去蛋白质,在酸性条件下试样中的亚硝酸盐与对氨基苯磺酸反应,生成重氮化合物,再与 N-1-萘乙二胺盐酸盐偶合形成红色物质,进行比色测定。

3. 试剂和溶液

本方法所用试剂均为分析纯,水为蒸馏水或相应纯度的水。

(1)四硼酸钠饱和溶液　称取 25 g 四硼酸钠($Na_2B_4O_7 \cdot 10H_2O$,GB 632),溶于 500 mL 温水中,冷却后备用。

(2)106 g/L 亚铁氰化钾溶液　称取 53 g 在亚铁氰化钾[$K_4Fe(CN)_6 \cdot 3H_2O$]溶于水,加水稀释至 500 mL。

(3)220 g/mL 乙酸锌溶液　称取 110 g 乙酸锌[$Zn(CH_3COO)_2 \cdot 2H_2O$,HG 3-1098],溶于适量水和 15 mL 冰乙酸(GB 676)中,加水稀释至 500 mL。

(4)5 g/L 对氨基苯磺酸溶液　称取 0.5 g 对氨基苯磺酸($NH_2C_6H_4SO_3H \cdot H_2O$,HG3-992),溶于 10% 盐酸溶液中,边加边搅,再加 10% 盐酸溶液稀释至 100 mL,贮于暗棕色试剂瓶中,密闭保存,1 周内有效。

(5)1 g/L N-1-萘乙二胺盐酸盐溶液　称取 0.1 g N-1-萘乙二胺盐酸盐($C_{10}H_7NHCH_2NH_2 \cdot 2HCl$),用少量水研磨溶解,加水稀释至 100 mL,贮于暗棕色试剂瓶中密闭保存,一周内有效。

(6)5 mol/L 盐酸溶液　量取 445 mL 盐酸(GB 622),加水稀释至 1 000 mL。

(7)亚硝酸钠标准储备液　称取经(115±5)℃ 烘至恒重的亚硝酸钠(GB 633)0.300 0 g,用水溶解,移入 500 mL 容量瓶中,加水稀释至刻度,此溶液每毫升相当于 400 μg 亚硝酸根离子。

(8)亚硝酸钠标准工作液　吸取 5.00 mL 亚硝酸钠标准储备液,置于 200 mL 容量瓶中,加水稀释至刻度,此溶液每毫升相当于 10 μg 亚硝酸根离子。

4. 仪器、设备

(1)分光光度计　有 10 mm 比色池,可在 538 nm 处测量吸光度。

(2)分析天平　感量 0.0001 g。

(3)恒温水浴锅。

(4)实验室用样品粉碎机或研钵。

(5)容量瓶　50(棕色),100,150,500 mL。

(6)烧杯　100,200,500 mL。

(7)量筒　100,200,1 000 mL。

(8)长颈漏斗　直径 75～90 mm。

(9)吸量管　1,2,5 mL。

(10)移液管　5,10,15,20 mL。

5. 试样选取和制备

采集具有代表性的饲料样品,至少 2 kg,四分法缩分至约 250 g,磨碎,过 1 mm 孔筛,混匀,装入密闭容器,防止试样变质,低温保存备用。

6. 测定步骤

(1)试液制备　称取约 5 g 试样,精确到 0.001 g,置于 200 mL 烧杯中,加约 70 mL 温水

$(60\pm5)℃$和 5 mL 四硼酸钠饱和溶液,在水浴上加热 15 min $(85\pm5)℃$,取出,稍凉,依次加入 2 mL 106 g/L 亚铁氰化钾溶液、2 mL 220 g/L 乙酸锌溶液,每一步须充分搅拌,将烧杯内溶液全部转移至 150 mL 容量瓶中,用水洗涤烧杯数次,并入容量瓶中,加水稀释至刻度,摇匀,静置澄清,用滤纸过滤,滤液为试液备用。

(2)标准曲线绘制　吸取 0、0.25、0.50、1.00、2.00、3.00 mL 亚硝酸钠标准工作液,分别置于 50 mL 棕色容量瓶中,加水约 30 mL,依次加入 5 g/L 对氨基苯磺酸溶液 2 mL、5.0 mol/L 盐酸溶液 2 mL,混匀,在避光处放置 3~5 min,加入 1 g/L N-1-萘乙二胺盐酸盐溶液 2 mL,加水稀释至刻度,混匀,在避光处放置 15 min,以 0 mL 亚硝酸钠标准工作液为参比,用 10 mm 比色池,在波长 538 nm 处,用分光光度计测其他各溶液的吸光度,以吸光度为纵坐标,各溶液中所含亚硝酸根离子质量为横坐标,绘制标准曲线或计算回归方程。

(3)试样测定　准确吸取试液约 30 mL,置于 50 mL 棕色容量瓶中,从"依次加入 5 g/L 对氨基苯磺酸溶液 2 mL,5.0 mol/ L 盐酸溶液 2 mL"起,按(2)的方法显色并测量试液的吸光度。

7. 计算和结果表示

(1)亚硝酸钠含量　试样中亚硝酸钠质量分数按下列公式计算。

$$w(亚硝酸钠) = m_1 \times \frac{V}{V_1 \times m} \times 1.5$$

式中:V 为试样溶液总体积,mL;V_1 为试样测定时吸取试液的体积,mL;m_1 为测定用试液中所含亚硝酸根离子质量,μg(由标准曲线读得或由回归方程求出);m 为试样质量,g;1.5 为亚硝酸钠质量和亚硝酸根离子质量的比值。

(2)结果表示　每个试样取 2 个平行样进行测定,以其算术平均值为分析结果。结果精确到 0.1 mg/kg。

(3)重复性　同一分析者对同一试样同时或快速连续地进行两次测定结果之间的差值:
在亚硝酸盐含量≤1 mg/kg 时,不得超过平均值的 50%;
在亚硝酸盐含量>1 mg/kg 时,不得超过平均值的 20%。

(二)饲料中游离棉酚的测定

棉籽饼(粕)是畜牧业生产中重要的蛋白质饲料,但由于其含有游离棉酚而限制了这一资源的充分利用。游离棉酚具有活性羟基和活性醛基,对动物毒性较强,而且在体内比较稳定,有明显的蓄积作用。对单胃动物,游离棉酚在体内大量蓄积,损害肝、心、骨骼肌和神经细胞;对成年反刍动物,由于瘤胃特殊的消化环境,游离棉酚可转化为结合棉酚,因而有较强的耐受性。动物在短时间内因大量采食棉籽饼(粕)引起的急性中毒极为罕见,生产上发生的多是由于长期采食棉籽饼(粕),致使游离棉酚在体内蓄积而产生的慢性中毒。

棉籽饼(粕)中游离棉酚的含量与棉籽的棉酚含量和棉籽的制油工艺有关。中国农业科学院畜牧所(1984)报道了不同工艺制得的棉籽饼(粕)中游离棉酚的含量,有许多超出了国家饲料卫生标准。如螺旋压榨法为 0.030%~0.162%,土榨法为 0.014%~0.523%,直接浸提法为 0.065%,预压浸出法为 0.011%~0.151%。因此,必须严格检测棉籽饼(粕)中的游离棉酚含量,根据检测结果合理控制棉籽饼(粕)的用量,以保证配合饲料中的游离棉酚含量在国家饲料卫生标准规定的范围内。

目前,测定棉酚的方法有比色法和高效液相色谱法,比色法又包括苯胺法、间苯三酚法、三氯化锑法和紫外分光光度法等。间苯三酚法快速、简便、灵敏度高,但精密度稍差,是目前常用的快速分析方法。苯胺法准确度高,精密度好,是目前常用的测定方法,也是国家标准方法(GB 13086—1991)。高效液相色谱法准确度高,干扰少,但设备昂贵。

1. 苯胺比色法

(1)适用范围 本方法适用于棉籽粉、棉籽饼(粕)和含有这些物质的配合饲料(包括混合饲料)中游离棉酚的测定。

(2)测定原理 在3-氨基-1-丙醇存在下,用异丙醇与正己烷的混合溶剂提取游离棉酚,用苯胺使棉酚转化为苯胺棉酚,在最大吸收波长440 nm处进行比色测定。

(3)试剂和溶液 除特殊规定外,本方法所用试剂均为分析纯,水为蒸馏水或相应纯度的水。

①异丙醇[$(CH_3)_2CHOH$,HG 63-1167]。

②正己烷。

③冰乙酸(GB 676)。

④苯胺($C_6H_5NH_2$,GB 691):如果测定的空白试验吸收值超过0.022时,在苯胺中加入锌粉进行蒸馏,弃去开始和最后的10%蒸馏部分,放入棕色的玻璃瓶内贮存在(0~4℃)冰箱中,该试剂可稳定几个月。

⑤3-氨基-1-丙醇($H_2NCH_2CH_2CH_2OH$)。

⑥异丙醇-正己烷混合溶剂:6+4,$(V+V)$。

⑦溶剂A:量取约500 mL异丙醇-正己烷混合溶剂、2 mL 3-氨基-1-丙醇、8 mL冰乙酸和50 mL水于1 000 mL的容量瓶中,再用异丙醇-正己烷混合试剂定容至刻度。

(4)仪器、设备

①分光光度计 有10 mm比色池,可在440 nm处测量吸光度。

②振荡器 振荡频率120~130次/min(往复)。

②恒温水浴。

④具塞三角瓶 100、250 mL。

⑤容量瓶 25 mL(棕色)。

⑧吸量管 1、3、10 mL。

⑦移液管 10、50 mL。

⑧漏斗 直径50 mm。

⑨表面皿 直径60 mm。

(5)试样选取和制备 采集具有代表性的棉籽饼(粕)样品至少2 kg,四分法缩分至约250 g,磨碎,过2.8 mm孔筛,混匀,装入密闭容器,防止试样变质,低温保存备用。

(6)测定步骤

①称取1~2 g试样(精确到0.001 g),置于250 mL具塞三角瓶中,加入20粒玻璃珠,用移液管准确加入50 mL溶剂A,塞紧瓶塞,放入振荡器内振荡1 h(每分钟120次左右)。用干燥的定量滤纸过滤,过滤时在漏斗上加盖一表面皿以减少溶剂挥发,弃去最初几滴滤液,收集滤液于100 mL三角瓶中。

②用吸量管吸取等量2份滤液5~10 mL。(每份含50~100 μg的棉酚)分别至两个25 mL棕色容量瓶a和b中,如果需要,用溶剂A补充至10 mL。

③用异丙醇-正己烷混合溶剂稀释a至刻度,摇匀,该溶液用做试样测定液的参比溶液。

④用移液管吸取2份10 mL的溶剂A分别至两个25 mL棕色容量瓶a_0和b_0中。

⑤用异丙醇-正己烷混合溶剂补充容量瓶a_0至刻度,摇匀,该溶液用做空白测定液的参比溶液。

⑥加2.0 mL苯胺于容量瓶b和b_0中,在沸水浴上加热30 min显色。

⑦冷却至室温,用异丙醇-正己烷混合溶剂定容,摇匀并静置1 h。

⑧用10 mm比色池在波长440 nm处,用分光光度计以a_0为参比溶液测定空白测定液b_0的吸光度,以a为参比溶液测定试样测定液b的吸光度,从试样测定液的吸光度值中减去空白测定液的吸光度值,得到校正吸光度A。

(7)计算和结果表示

①游离棉酚含量 试样中游离棉酚质量分数按下列公式计算。

$$w(游离棉酚) = \frac{A \times 1\,250 \times 1\,000}{a \times m \times V} = \frac{A \times 1.25}{a \times m \times V} \times 10^6$$

式中:A为校正吸光度;m为试样质量,g;V为测定用滤液的体积,mL;a为游离棉酚的质量吸收系数,其值为62.5。

②结果表示 每个试样取2个平行样进行测定,以其算术平均值为结果。结果表示到20 mg/kg。

③重复性 同一分析者对同一试样同时或快速连续地进行两次测定,所得结果之间的差值:

在游离棉酚含量<500 mg/kg时,不得超过平均值的15%;

在游离棉酚含量为500~750 mg/kg时,绝对相差不得超过75 mg/kg;

在游离棉酚含量>750 mg/kg时,不得超过平均值的10%。

2. 间苯三酚法(快速法)

(1)测定原理 饲料中棉酚经70%丙酮水溶液提取后,在酸性及乙醇介质中与间苯三酚显色,置分光光度计上于555 nm处测定其吸光度,参照标准曲线,计算样品棉酚的含量。棉酚含量在0~140 μg/mL范围内遵循比尔定律。

(2)仪器设备

①721型分光光度计。

②容量瓶 1 000 mL、50 mL。

②三角瓶 150 mL。

④样品粉碎机。

⑤分析天平 0.000 1 g。

(3)试剂及配制

①纯棉酚。

②间苯三酚。

③95%乙醇。

④丙酮。

⑤浓盐酸。

⑥混合试剂 用浓盐酸与30 g/L的间苯三酚乙醇溶液以5:1的比例(V+V)混合,存于

冰箱中备用。

(4)测定步骤

①标准曲线的绘制　准确称取 10 mg 纯棉酚,用 70%的丙酮水溶液定容至 1 000 mL。
加完全部试剂后摇匀,在室温下放置 25 min,用乙醇稀释至 10 mL,于 550 nm 波长处,
用 1 cm 比色皿,以试剂为空白测定吸光度。以吸光度为纵坐标,纯棉酚的微克数为横坐标
作图,得标准曲线。

②试样分析　将混合饲料,自然干燥后研碎,过 20 目筛,精确称取混合饲料 3~5 g 至一
只空三角瓶中,加 70%的丙酮水溶液约 35 mL,置电磁搅拌器上,搅拌提取 1 h,将提取液过
滤到 50 mL 容量瓶中,用少量 70%丙酮水溶液洗涤滤渣数次,定容至 50 mL。

吸取滤液 1.00 mL,放入 10 mL 的比色管中,加 2.00 mL 混合试剂,摇匀,放置 25 min,
用乙醇定容至 10 mL,于 550 nm 波长处测定其吸光度。参照标准曲线相应吸光度的棉酚微
克数,以计算试样的棉酚含量。

(三)黄曲霉毒素 B_1 的测定

黄曲霉毒素(aflatoxin,AF)主要是由黄曲霉和寄生曲霉产毒菌株的代谢产物,主要污染
玉米、花生、棉籽及其饼粕。饲料污染的黄曲霉毒素主要有 4 种,即黄曲霉毒素 B_1、B_2、G_1、
G_2,其中以黄曲霉毒素 B_1 含量最高,毒性最大,因此,我国以黄曲霉毒素 B_1 作为饲料黄曲霉
毒素污染的卫生指标。我国大部分地区,特别是长江以南地区,夏季温度高,湿度大,饲料易
发生霉变,饲料霉菌毒素污染现象十分普遍。黄曲霉毒素毒性强,并具有致癌作用,对动物
健康和生产性能影响极大,还可在动物产品中蓄积,影响人体健康,因此,已成为饲料产品质
量控制中的必检项目。目前,饲料中黄曲霉毒素 B_1 的测定方法主要有酶联免疫吸附法、薄层
层析法、快速筛选法等,其中前两种是国家推荐的标准检测方法(GB/T 17480—1998 和 GB
8381—1981)。酶联免疫吸附法最低检出量可达 0.1 $\mu g/kg$,但有一定比例的假阳性结果;薄
层层析法假阳性结果少,但属于半定量方法,最低检出量为 5 $\mu g/kg$;快速筛选法简便快速,
适合饲料企业生产现场条件下使用,但不能准确定量,这些都是在检测工作中应注意的。

1. 酶联免疫吸附法

(1)适用范围　本方法适用于各种饲料原料、配(混)合饲料中黄曲霉毒素 B_1(AFB_1)的
测定。

(2)测定原理　利用固相酶联免疫吸附原理,将 AFB_1 特异性抗体包被于聚苯乙烯微量
反应板的孔穴中,再加入样品提取液(未知抗原)及酶标 AFB_1 抗原(已知抗原),使两者与抗
体之间进行免疫竞争反应,然后加酶底物显色,颜色的深浅取决于抗体和酶标 AFB_1 抗原结
合的量,即样品中 AFB_1 多,则被抗体结合酶标 AFB_1 抗原少,颜色浅,反之则深。用目测法或
仪器法与 AFB_1 标样比较来判断样品中 AFB_1 的含量。

(3)试剂和材料

①AFB_1 酶联免疫测试盒组成

a. 包被抗体的聚苯乙烯微量反应板:24 孔或 48 孔。

b. A 试剂:稀释液,甲醇:蒸馏水为 7:93,($V+V$)。

c. B 试剂:AFB_1 标准物质(Sigma 公司,纯度 100%)溶液,100 $\mu g/L$。

d. C 试剂:酶标 AFB_1 抗原(AFB_1-辣根过氧化物酶交联物,AFB_1-HRP),AFB_1:HRP
(物质的量之比)<2:1。

e. D试剂:酶标AFB$_1$抗原稀释液,含0.1‰牛血清白蛋白(BSA)的pH 7.5磷酸盐缓冲液(PBS)。

pH 7.5磷酸盐缓冲液的配制:称取3.01 g磷酸氢二钠(Na$_2$HPO$_4$·12H$_2$O),0.25 g磷酸二氢钠(NaH$_2$PO$_4$·2H$_2$O),8.76 g氯化钠(NaCl)加水溶解至1 L。

f. E试剂:洗涤母液,含0.05‰吐温-20的PBS溶液。

g. F试剂:底物液a,四甲基联苯胺(TMB),用pH 5.0乙酸钠-柠檬酸缓冲液配成质量浓度为0.2 g/L。

pH 5.0乙酸钠-柠檬酸缓冲液配制:称取15.09 g乙酸钠(CH$_3$COONa·3H$_2$O),1.56 g柠檬酸(C$_6$H$_8$O$_7$·H$_2$O)加水溶解至1 L。

h. G试剂:底物液b,1 mL pH 5.0乙酸钠-柠檬酸缓冲液中加入0.3‰过氧化氢溶液28 μL。

i. H试剂:终止液,c(H$_2$SO$_4$)=2 mol/L硫酸溶液。

j. I试剂:AFB$_1$标准物质(sigma公司,纯度100%)溶液,50.00 μg/L。

②测试盒中试剂的配制

a. C试剂中加入1.5 mL D试剂,溶解,混匀,配成试验用酶标AFB$_1$抗原溶液,冰箱中保存。

b. E试剂中加300 mL蒸馏水配成试验用洗涤液。

③甲醇水溶液　甲醇:水为5:5($V+V$)。

(4)仪器设备

①小型粉碎机。

②分样筛　内孔径0.995 mm(20目)。

③分析天平　感量0.01 g。

④滤纸　快速定性滤纸,直径9～10 cm。

⑤微量连续可调取液器及配套吸头　10～100 μL。

⑥培养箱　[(0～50)±1]℃,可调。

⑦冰箱　4～8℃。

⑧AFB$_1$测定仪或酶标测定仪,含有波长450 nm的滤光片。

(5)测定步骤

①取样

a. 根据规定检取有代表性的样品。样品中污染黄曲霉毒素高的毒粒可以左右结果测定。而且有毒粒的比例小,同时分布不均匀。为避免取样带来的误差必须大量取样,并将该大量粉碎样品混合均匀,才有可能得到确能代表一批样品的相对可靠的结果,因此采样必须注意。

b. 对局部发霉变质的样品要检验时,应单独取样检验。

c. 每份分析测定用的样品应用大样经粗碎与连续多次四分法缩减至0.5～1 kg,全部粉碎。样品全部通过20目筛,混匀,取样时应搅拌均匀。必要时,每批样品可采取3份大样作样品制备及分析测定用。以观察所采样品是否具有一定的代表性。

如果样品脂肪含量超过10%,粉碎前应用乙醚脱脂,再制成分析用试样,但分析结果以未脱脂计算。

②试样提取 称取 5 g 试样,精确至 0.01 g,于 50 mL 磨口试管中,加入甲醇水溶液 25 mL,加塞振荡 10 min,过滤,弃去 1/4 初滤液,再收集适量试样滤液。

根据各种饲料的限量规定和 B 试剂浓度,按表 2-2 用 A 试剂将试样滤液稀释,制成待测试样稀释液。

表 2-2　试样的稀释倍数

每千克饲料中 AFB₁ 限量/μg	试样滤液量/mL	A 试剂量/mL	稀释倍数
≤10	0.10	0.10	2
≤20	0.05	0.15	4
≤30	0.05	0.25	6
≤40	0.05	0.35	8
≤50	0.05	0.45	10

③限量测定

a. 洗涤包被抗体的聚苯乙烯微量反应板:每次测定需要标准对照孔 3 个,其余按测定试样数,截取相应的板孔数。用 E 洗涤液洗板 2 次,洗液不得溢出,每次间隔 1 min,并放在吸水纸上拍干。

b. 加试剂:按表 2-3 所列,依次加入试剂和待测试样稀释液。

表 2-3　试剂和待测试样稀释液的加入顺序

次序	加入量/μL	孔号											
		1	2	3	4	5	6	7	8	9	10	11	12
1	50	A	A	B	待测试样稀释液								
2	—	摇匀											
3	50	D	C	C	C	C	C	C	C	C	C	C	C
4	—	摇匀											

注:1 号孔为空白孔,2 号孔为阴性孔,3 号孔为限量孔,4~12 号孔为试样孔。

c. 反应:放在 37℃ 恒温培养箱中反应 30 min。

d. 洗涤:将反应板从培养箱中取出,用 E 洗涤液洗板 5 次,洗液不得溢出每次间隔 2 min,在吸水纸上拍干。

e. 显色:每孔各加入底物 F 试剂和底物 G 试剂各 50 μL,摇匀,在 37℃ 培养箱中反应 15 min。目测法判定。

f. 终止:每孔加终止液 H 试剂 50 μL。仪器法判定。

g. 结果判定:

目测法:先比较 1~3 号孔颜色,若 1 号孔接近无色(空白),2 号孔最深,3 号孔次之(限量孔,即标准对照孔),说明测定无误。这时比较试样孔与 3 号孔颜色,若浅者,为超标;若相当或深者为合格。

仪器法:用 AFB₁ 测定仪或酶标测定仪,在 450 nm 处用 1 号孔调零点后测定标准孔及试样孔吸光度 A 值,若 $A_{试样孔}$ 小于 $A_{3号孔}$ 为超标,若 $A_{试样孔}$ 大于或等于 $A_{3号孔}$ 为合格。

试样若超标,则根据试样提取液的稀释倍数,按照表 2-4 推算 AFB₁ 的含量。

表 2-4　推算 AFB$_1$ 的含量

稀释倍数	每千克试样中 AFB$_1$ 含量/μg	稀释倍数	每千克试样中 AFB$_1$ 含量/μg
2	>10	8	>40
4	>20	10	>50
6	>30		

④定量测定　若试样超标,则用 AFB$_1$ 测定仪或酶标测定仪在 450 nm 波长处进行定量测定,通过绘制 AFB$_1$ 的标准曲线来确定试样中 AFB$_1$ 的含量。将 50.00 μg/L 的 AFB$_1$ 标准溶液用 A 试剂稀释成 0.00、0.01、0.10、1.00、5.00、10.00、20.00、50.00 μg/L 的标准工作溶液,分别作为 B 试剂系列,按限量法测定步骤测得相应的吸光度值 A;以 0 μg/L AFB$_1$ 浓度的 A_0 值为分母,其他标准浓度的 A 值为分子的比值,再乘以 100 为纵坐标,对应的 AFB$_1$ 标准浓度为横坐标,在半对数坐标纸上绘制标准曲线。

(6)计算和结果表示

①计算公式　根据试样的 A/A_0,乘以 100 的值在标准曲线上查得对应的 AFB$_1$ 量,并按下列公式计算出试样中 AFB$_1$ 的含量。

$$w(\mathrm{AFB}_1) = \frac{\rho \times V \times n}{m}$$

式中:ρ 为从标准曲线上查得的试样提取液中 AFB$_1$ 含量,μg/L;V 为试样提取液的体积,mL;n 为试样稀释倍数;m 为试样的质量,g。

②重复性　重复测定结果相对偏差不得超过 10%。

(7)注意事项

①测定试剂盒在 4~8℃冰箱中保存,不得放在 0℃以下的冷冻室内保存。

②测定试剂盒有效期为 6 个月。

③凡接触 AFB$_1$ 的容器,需浸入 10 g/L 次氯酸钠(NaClO$_2$)溶液,0.5 d 后清洗备用。

④为保证分析人员安全,操作时要戴上医用乳胶手套。

2. 薄层层析法

(1)适用范围　本方法适用于各种单一饲料和配(混)合饲料中黄曲霉毒素 B$_1$ 的测定。

(2)测定原理　样品中黄曲霉毒素 B$_1$ 经提取、柱层析、洗脱、浓缩、薄层分离后,在 365 nm 波长紫外灯下产生蓝紫色荧光,根据其在薄层板上显示荧光的最低检出量来测定含量。

(3)试剂和配制

①三氯甲烷(GB 682)。

②正己烷(HG 3-1003)。

③甲醇(GB 683)。

④苯(GB 690)。

⑤乙腈(HG B 3329)。

⑥无水乙醚或乙醚经无水硫酸钠脱水(HG B 1002)。

⑦丙酮(GB 686)。

以上试剂于试验时先进行一次试剂空白试验,如不干扰测定即可使用。否则需逐一检查进行重蒸馏。

⑧苯-乙腈混合液　量取 98 mL 苯,2 mL 乙腈混匀。

⑨三氯甲烷-甲醇混合液　取 97 mL 二氯甲烷,3 mL 甲醇混匀。

⑩硅胶　柱层析用粒度 80～200 目。

⑪硅胶 G　薄层色谱用。

⑫三氟乙酸。

⑬无水硫酸钠(HG 3-123)。

⑭硅藻土。

⑮黄曲霉毒素 B_1 标准溶液。

a. 仪器校正:测定重铬酸钾溶液的摩尔吸光系数,以求出使用仪器的校正因素。精密称取 25 mg 经干燥的基准级重铬酸钾。用 0.009 mol/L 硫酸溶液溶解后准确稀释至 200 mL (相当于 0.000 4 mol/L 的溶液)。再吸取 25 mL 此稀释液于 50 mL 容量瓶中,加入 0.009 mol/L 硫酸溶液稀释至刻度(相当于 0.000 2 mol/L 溶液)。再吸取 25 mL 此稀释液于 50 mL 容量瓶中,加 0.009 mol/L 硫酸溶液稀释至刻度(相当于 0.000 1 mol/L 溶液)。用 1 cm 石英杯,在最大吸收峰的波长处(接近 350 nm)用 0.009 mol/L 硫酸溶液作空白,测得以上三种不同浓度溶液的吸光度。并按下列公式计算出以上三种浓度的摩尔吸光系数的平均值。

$$E_1 = \frac{A}{m}$$

式中:E_1 为重铬酸钾溶液的摩尔吸光系数;A 为测得的重铬酸钾溶液的吸光度;m 为重铬酸钾溶液的摩尔浓度。

再以此平均值与重铬酸钾的摩尔吸光系数值 3 160 比较,按下列公式求出使用仪器的校正因素。

$$f = \frac{3\ 160}{M}$$

式中:f 为使用仪器的校正因素;M 为测得重铬酸钾摩尔吸光系数平均值。若 f 大于 0.95 而小于 1.05,则使用仪器的校正因素可略而不计。

b. 10 μg/mL 黄曲霉毒素 B_1 标准溶液的制备:精密称取 1～1.2 mg 黄曲霉毒素 B_1 标准品,先加入 2 mL 乙腈溶解后,再用苯稀释至 100 mL,置于 4℃冰箱保存。

用紫外分光光度计测此标准溶液的最大吸收峰的波长及该波长的吸光度值,并按下列公式计算该标准溶液的浓度。

$$\rho = \frac{A \times M \times 1\ 000 \times f}{E_2}$$

式中:ρ 为黄曲霉毒素 B_1 标准溶液的浓度,μg/mL;A 为测得的吸光度值;M 为黄曲霉毒素 B_1 的相对分子质量,312;E_2 为黄曲霉毒素 B_1 在苯-乙腈混合液中的摩尔吸光系数,19 800;f 为仪器的校正因素。

根据计算,用苯-乙腈混合液调到标准液浓度恰为 10 μg/mL,并用分光光度计核对其浓度。

c.纯度的测定:取 10 μg/mL 黄曲霉毒素 B_1 标准溶液 5 mL 滴加于涂层厚度 0.25 mm 的硅胶 G 薄层板上。用甲醇-氯仿(4∶96)($V∶V$)与丙酮-氯仿(8∶92)($V∶V$)展开剂展开,在紫外灯下观察荧光的产生,必须符合以下条件:

在展开后,只有单一的荧光点,无其他杂质荧光点。

原点上没有任何残留的荧光物质。

⑯黄曲霉毒素 B_1 标准使用液　精密吸取 1 mL 10 μg/mL 标准溶液于 10 mL 容量瓶中,加苯-乙腈混合液至刻度,混匀,此溶液每毫升相当于 1 μg 黄曲霉毒素 B_1。吸取 1.0 mL 此稀释液置于 5 mL 容量瓶中,加苯-乙腈混合液稀释至刻度,此溶液每毫升相当于 0.2 μg 黄曲霉毒素 B_1。另吸取 1.0 mL 此溶液于 5 mL 容量瓶中,加苯-乙腈混合液稀释至刻度。此溶液每毫升相当于 0.04 μg 黄曲霉毒素 B_1。

⑰次氯酸钠溶液(消毒用)　取 100 g 漂白粉,加入 500 mL 水,搅拌均匀。另将 80 g 工业用碳酸钠($Na_2CO_3 \cdot 10H_2O$)溶于 500 mL 温水中,再将两液混合,搅拌,澄清后过滤。此滤液含次氯酸钠约为 25 g/L。若用漂白粉精制备则碳酸钠的量可以加倍,所得溶液约为 50 g/L。污染的玻璃仪器用 10 g/L 次氯酸钠溶液浸泡 0.5 d 或用 50 g/L 次氯酸钠溶液浸泡片刻后即可达到去毒效果。

(4)仪器设备

①小型粉碎机。

②分样筛一套。

③电动振荡器。

④层析管:内径 22 mm,长 300 mm,下带活塞,上有贮液器。

⑤玻璃板:5 cm×20 cm。

⑥薄层板涂布器。

⑦展开槽:内长 25 cm,宽 6 cm,高 4 cm。

⑧紫外光灯:波长 365 nm。

⑨天平。

⑩具塞刻度试管 10.0、2.0 mL。

⑪旋转蒸发器或蒸发皿。

⑫微量注射器或血色素吸管。

⑬分液漏斗:250 mL。

(5)测定步骤

①取样和样品的制备　同酶联吸附法。

②样品提取　取 20 g 制备样品,置于磨口锥形瓶中,加硅藻土 10 g,水 10 mL,三氯甲烷 100 mL,加塞,在振荡器上振荡 30 min,用滤纸过滤,滤液至少 50 mL。

③柱层析纯化

a. 柱的制备:柱中加三氯甲烷约 2/3,加无水硫酸钠 5 g,使表面平整,小量慢加柱层析硅胶 10 g,小心排除气泡,静止 15 min,再慢慢加入 10 g 无水硫酸钠,打开活塞,让液体流下,直至液体到达硫酸钠层上表面,关闭活塞。

b. 纯化:用移液管取 50 mL 滤液,放入烧杯中,加正己烷 100 mL,混合均匀,把混合液定量转移至层析柱中,用正己烷洗涤烧杯倒入柱中。打开活塞,使液体以 8～12 mL/min 流下,直至到达硫酸钠层上表面,再把100 mL乙醚倒入柱子,使液体再流至硫酸钠层上表面,弃去以上收集液体。整个过程保证柱不干。

用三氯甲烷-甲醇液150 mL洗脱柱子,用旋转蒸发器烧瓶收集全部洗脱液。在50℃以下减压蒸馏,用苯-乙腈混合液定量转移残留物到刻度试管中,经50℃以下水浴气流挥发,使液体体积到2.0 mL为止。洗脱液也可在蒸发皿中经50℃以下水浴气流挥发干,再用苯-乙腈转移至具塞刻度试管中。

如用小口径层析管进行层析,则全部试剂按层析管内径平方之比缩小。

④单向展开法测定

a. 薄层板的制备:称取约3 g硅胶G,加相当于硅胶量2~3倍的水,用力研磨1~2 min至成糊状后立即倒入涂布器内,堆成5 cm×20 cm,厚度约0.25 mm的薄层板3块。在空气中干燥约15 min,在100℃活化2 h,取出放干,于干燥器中保存。一般可保存2~3 d,若放置时间较长,可再活化后使用。

b. 点样:将薄层板边缘附着的吸附剂刮净,在距薄层板下端3 cm的基线上用微量注射器或血色素吸管滴加样液。一块板可滴加四个点,点距边缘和点间距约为1 cm,点直径约3 mm。在同一块上滴加点的大小应一致,滴加时可用吹风机用冷风边吹边加。滴加样式如下。

第一点:0.04 μg/mL黄曲霉毒素B_1标准使用液10 μL。

第二点:16 μL样液。

第三点:16 μL样液+0.04 μg/mL黄曲霉毒素B_1标准使用液10 μL。

第四点:16 μL样液+0.2 μg/mL黄曲霉毒素B_1标准使用液10 μL。

c. 展开与观察:在展开槽内加10 mL无水乙醚预展12 cm,取出挥干,再于另一展开槽内加10 mL丙酮-三氯甲烷(8:92),展开10~12 cm,取出,在紫外灯下观察结果,方法如下。

由于样液点上滴加黄曲霉毒素B_1标准使用液,可使黄曲霉毒素B_1标准点与样液中的黄曲霉毒素B_1荧光点重叠。如样液为阴性,薄层板上的第三点中黄曲霉毒素B_1为0.000 4 μg,可用做检查在样液内黄曲霉毒素B_1最低检出量是否正常出现;如为阳性,则起定位作用。薄层板上的第四点中黄曲霉毒素B_1为0.002 μg,主要起定位作用。

若第二点在与黄曲霉毒素B_1标准点的相应位置上无蓝紫色荧光点,表示样品中黄曲霉毒素B_1含量在5 μg/kg以下;如在相应位置上有蓝紫色荧光点,则需进行确证试验。

d. 确证试验:为了证实薄层板上样液荧光系由黄曲霉毒素B_1产生的,加滴三氟乙酸,产生黄曲霉毒素B_1的衍生物,展开后此衍生物的比移值在0.1左右。

具体方法如下:于薄层板左边依次滴加两个点。

第一点:16 μL样液。

第二点:0.04 μg/mL黄曲霉毒素B_1标准使用液10 μL。

于以上两点各加1滴三氟乙酸盖于样点上,反应5 min后,用吹风机吹热风2 min,使热风吹到薄层板上的温度不高于40℃。再于薄层板上滴加以下两个点。

第三点:16 μL样液。

第四点:0.04 μg/mL黄曲霉毒素B_1标准使用液10 μL。

再展开,同前。在紫外灯下观察样液是否产生与黄曲霉毒素B_1标准点相同的衍生物。未加三氟乙酸的三、四两点,可依次作为样液与标准的衍生物空白对照。

e. 稀释定量:样液中的黄曲霉毒素 B_1 荧光点的荧光强度与黄曲霉毒素 B_1 标准点的最低检出量(0.000 4 μg)的荧光强度一致,则样品中黄曲霉毒素 B_1 含量即为 5 $\mu g/kg$。如样液中荧光强度比最低检出量强,则根据其强度估计减少滴加微升数或将样液稀释后再滴加不同的微升数,直至样液点的荧光强度与最低检出量的荧光强度一致为止。滴加式样如下。

第一点:0.04 $\mu g/mL$ 黄曲霉毒素 B_1 标准使用液 10 μL。

第二点:根据情况滴加 10 μL 样液。

第三点:根据情况滴加 15 μL 样液。

第四点:根据情况滴加 20 μL 样液。

f. 计算和结果按下列公式表示:

$$w(\mathrm{AFB_1}) = 0.000\ 4 \times \frac{V_1 \times D \times 1\ 000}{V_2 \times m}$$

式中:V_1 为加入苯乙腈混合液的体积,mL;V_2 为出现最低荧光时滴加样液的体积,mL;D 为样液的总稀释倍数;m 为加苯-乙腈混合液溶解时相当试样的质量,g;0.000 4 为黄曲霉毒素 B_1 的最低检出量,μg。

⑤双向展开法测定　如用单向展开法展开后,薄层色谱由于杂质干扰掩盖了黄曲霉毒素 B_1 的荧光强度,需采用双向展开法。薄层板先用无水乙醚作横向展开,将干扰的杂质展至样液点的一边而黄曲霉毒素 B_1 不动,然后再用丙酮-三氯甲烷(8:92)作纵向展开,样品在黄曲霉毒素 B_1 相应处的杂质底色大量减少,因而提高了方法灵敏度。如用双向展开法中滴加两点法,展开仍有杂质干扰时则可改用滴加一点法。

a. 滴加两点法:

点样:取薄层板 3 块,在距下端 3 cm 基线上滴加黄曲霉毒素 B_1 标准溶液与样液。即在 3 块板的距左边缘 0.8～1 cm 处各滴加 0.04 $\mu g/mL$ 黄曲霉毒素 B_1 标准使用液 10 μL,在距左边缘 2.8～3 cm 处各滴加 16 μL 样液,然后在第二块板的样液点上滴加 0.04 $\mu g/mL$ 黄曲霉毒素 B_1 标准使用液 10 μL。在第三块板的样液点上滴加 0.2 $\mu g/mL$ 黄曲霉毒素 B_1 标准使用液 10 μL。

展开:包括横向展开和纵向展开。

横向展开:在展开槽内的长边置一玻璃支架,加入 10 mL 无水乙醚。将上述点好的薄层板靠标准点的长边置于展开槽内展开,展至板端后,取出挥干,或根据情况需要时可再重复展开 1～2 次。

纵向展开:挥发干的薄层板以丙酮:三氯甲烷(8:92)($V+V$)展开至 10～12 cm 为止。丙酮与三氯甲烷的比例根据不同条件自行调节。

观察及评定结果:在紫外灯下观察第一、二板。若第二板的第二点在黄曲霉毒素 B_1 标准点的相应处出现最低检出量,而第一板在与第二板的相同位置上未出现荧光点,则样品中黄曲霉毒素 B_1 含量在 5 $\mu g/kg$ 以下。

若第一板在与第二板的相同位置上出现荧光点,则将第二块板与第三块板比较,看第三块板上第二点与第一板上第二点的相同位置上的荧光点是否与黄曲霉毒素 B_1 标准点重叠,如果重叠,再进行确证试验。在具体测定中,第一、二、三板可以同时做,也可按照顺序做。如果按顺序做,当在第一板出现阴性时,第三板可以省略。如第一板为阳性,则第二板可以省略,直接作第三板。

确证试验:另取两块薄层板。于第四、第五两块板距边缘 0.8~1 cm 处各滴加 0.04 μg/mL 黄曲霉毒素 B_1 标准使用液 10 μL 及一小滴三氟乙酸;距左边缘 2.8~3 cm 处,第四板滴加 16 μL 样液及一小滴三氟乙酸。第五板滴加 16 μL 样液,0.04 μg/mL 黄曲霉毒素 B_1 标准使用液 10 μL 及一小滴三氟乙酸,产生衍生物的步骤同单向展开法,再用双向展开法展开后,观察样液是否产生与黄曲霉毒素 B_1 标准点重叠的衍生物。观察时,可将第一板作为样液的衍生物空白板。

如样液黄曲霉毒素 B_1 含量高时,则将样液稀释后,按④d 做确证试验。

稀释定量:如样液黄曲霉毒素 B_1 含量高时,按④e 稀释定量操作,如黄曲霉毒素 B_1 含量低稀释倍数小,在定量的纵向展开板上仍有杂质干扰,影响结果的判定,可将样液作双向展开测定,以确定含量。

计算:同④f。

b. 滴加一点法。

点样:取薄层板 3 块,在距下端 3 cm 基线上滴加黄曲霉毒素 B_1 标准使用液与样液。即在 3 块板距左边缘 0.8~1 cm 处各滴加 16 μL 样液,在第二块板的点上加滴 0.04 μg/mL 黄曲霉毒素 B_1 标准使用液 10 μL,在第三块板的点上加滴 0.2 μg/mL 黄曲霉毒素 B_1 标准使用液 10 μL。

展开:同⑤a 的横向展开与纵向展开。

观察及评定结果:在紫外灯下观察第一、二板,如第二板出现最低检出量的黄曲霉毒素 B_1 标准点,而第一板与其相同位置上未出现荧光点,样品中黄曲霉毒素 B_1 在 5 μg/kg 以下。如第一块板在与第二块板黄曲霉毒素 B_1 标准点相同位置上出现荧光点,则将第一块板与第二块板比较,看第二块板上与第一块板相同位置上的荧光点是否与黄曲霉毒素 B_1 标准点重叠,如果重叠,再进行以下确证试验。

确证试验:于距左边缘 0.8~1 cm 处,第四板滴加 16 μL 样液及一小滴三氟乙酸;第五板滴加 16 μL 样液,0.04 μg/mL 黄曲霉毒素 B_1 标准使用液 10 μL 及一小滴三氟乙酸。产生衍生物及展开方式同⑤a。再将以上二块板在紫外线灯下观察以确定样液点是否产生与黄曲霉毒素 B_1 标准点重叠的衍生物,观察时可将第一板作为样液的衍生物的空白板。

经过以上确证试验定为阳性后,再进行稀释定量,如含黄曲霉毒素 B_1 低,不需稀释或稀释倍数小,杂质荧光仍有严重干扰,可根据样液中黄曲霉毒素 B_1 荧光的强弱,直接用双向展开法定量,或与单向展开法结合,方法同上。

计算:同④f。

(6)注意事项

①黄曲霉毒素 B_1 毒性极大,并具有强烈致癌性,操作者应严密注意个人防护。干燥时,黄曲霉毒素 B_1 带有很强的静电荷,容易吸附在其他物质表面,很难洗脱掉,同时所用试剂均有一定毒性,因此,所有操作应在通风橱中进行,被玷污的玻璃仪器及蒸发皿应在 10 g/L 的次氯酸钠溶液中浸泡 6 h 以上。

②展开剂中的丙酮与三氯甲烷的比例影响黄曲霉毒素 B_1 在层析板上的 R_f 值。丙酮比例高,R_f 值大;反之,R_f 值小,因此可根据情况适当调整丙酮与三氯甲烷的比例。同一次测定中,展开剂应一次配足。

③展开剂在层析缸空气中的饱和度影响展开效果,因此应先将展开剂加入层析缸,振摇30 min后再对层析板进行展开。

④点样斑点大小影响检出量及结果判定,点样斑点大小最好控制在3 mm以内。

⑤在空气潮湿的环境里,薄层板活性降低,因此点样操作最好在盛有干燥剂的盒内进行。

3. 黄曲霉毒素快速筛选法(紫外—荧光法)

(1)适用范围 本方法适用于玉米及猪鸡配(混)合饲料的快速检测。

(2)测定原理 被黄曲霉毒素污染的霉粒在160 nm紫外线下呈亮黄绿色荧光,根据荧光粒多少来概略评估饲料受黄曲霉毒素污染状况。

(3)仪器设备

①小型植物粉碎机。

②紫外分析仪:波长360 nm。

(4)测定步骤 将被检样品粉碎过20目筛,用四分法取20 g平铺在纸上,于360 nm紫外线下观察,细心查看有无亮黄绿色荧光,并记录荧光粒个数。

(5)结果判定

①样品中无荧光粒,饲料中黄曲霉毒素 B_1 含量在5 μg/kg以下。

②样品中有1～4个荧光粒,为可疑黄曲霉毒素 B_1 污染。

③样品中有4个以上荧光粒,可基本确定饲料中黄曲霉毒素 B_1 含量在5 μg/kg以上。

(6)注意事项 本方法为概略分析方法,不能准确定量,对仲裁检验及定量分析需用国家标准检测方法。

【考核评价】

一例禽中毒病的诊断与防治

一、考核题目

南方一养鸭户养殖雏鸭2 000多只,7月初开始批量发病,并陆续死亡。发病雏鸭精神沉郁、羽毛蓬乱、食欲下降,挑食,料槽内剩料较多。随着病情发展,许多雏鸭行动无力、藏头缩颈、双翅下垂,排出的粪便带有黏液或为绿白色稀水状,并逐渐消瘦,1周左右出现死亡,体格较大者死亡更快。经检查发现由于本地区6月中下旬至7月上半月连绵阴雨,部分饲料已经霉变。

请根据该鸭场的发病情况及临床症状,制定出合理的诊断方法、防治措施。

二、考核标准

1. 诊断方法

(1)依据该病例材料提供的发病雏鸭的临床症状进行诊断,如雏鸭食欲下降,挑食,精神沉郁,腹泻脱水,行动无力、体格较大者死亡更快等。

(2)结合饲料及饲喂状况调查进行诊断,如阴雨时节,部分饲料霉变。

从以上两个方面可诊断为雏鸭霉变饲料中毒。

2. 防治措施

(1)立即停止使用霉饲料,并更换优质饲料。

(2)患病雏鸭以0.06%土霉素、0.2%食母生、0.03%痢特灵、复合维生素拌料饲喂,连续使用5~7 d。

(3)整个鸭群以绿豆、甘草熬水喂饮。

(4)将饲料存放在通风干燥的环境,已霉变饲料进行无害化处理,在湿度大的季节饲料尽量随配随用。

【知识链接】

1. DB31/T 400—2007,禽肉中可的松等十种激素类药物残留量的测定(液相色谱-串连质谱法),上海市质量技术监督局,2008-03-15。

2. DB32/T 1823—2011,禽蛋中总胆固醇含量的测定酶比色法,江苏省质量技术监督局,2011-08-15。

3. DB32/T 1824—2011,禽肉肌纤维特性的测定 石蜡切片法,江苏省质量技术监督局,2011-08-15。

4. DB34/T 2241—2014,畜禽饲料中伏马菌素 B_1 的测定——酶联免疫吸附法,安徽省质量技术监督局,2015-01-17。

5. DB34/T 2242—2014,畜禽饲料中脱氧雪腐镰刀菌烯醇的测定——高效液相色谱法,安徽省质量技术监督局,2015-01-17。

6. DB37/T 1205—2009,畜禽用水中铅的测定 石墨炉原子吸收光谱法,山东省质量技术监督局,2009-04-01。

7. DB37/T 2142—2012,畜禽舍氨气快速检测技术规程,山东省质量技术监督局,2012-07-01。

8. DB37/T 2143—2012,畜禽舍二氧化碳快速检测技术规程,山东省质量技术监督局,2012-07-01。

9. DB37/T 2144—2012,畜禽舍硫化氢快速检测技术规程,山东省质量技术监督局,2012-07-01。

10. GB/T 20741—2006,畜禽肉中地塞米松残留量的测定 液相色谱-串联质谱法,国家质量监督检验检疫局,2007-03-01。

11. GB/T 20745—2006,畜禽肉中癸氧喹酯残留量的测定 液相色谱-荧光检测法,国家质量监督检验检疫局,2007-03-01。

12. GB/T 20754—2006,畜禽肉中保泰松残留量的测定 液相色谱-紫外检测法,国家质量监督检验检疫局,2007-03-01。

13. GB/T 20755—2006,畜禽肉中九种青霉素类药物残留量的测定 液相色谱-紫外检测法,国家质量监督检验检疫局,2007-03-01。

14. GB/T 20759—2006,畜禽肉中十六种磺胺类药物残留量的测定 液相色谱-串联质

禽内科病

谱法,国家质量监督检验检疫局,2007-03-01。

15. GB/T 20762—2006,畜禽肉中林可霉素、竹桃霉素、红霉素、替米考星、泰乐菌素、克林霉素、螺旋霉素、吉它霉素、交沙霉素残留量的测定 液相色谱-串联质谱法,国家质量监督检验检疫局,2007-03-01。

16. GB/T 5009.108—2003,畜禽肉中己烯雌酚的测定,卫生部,中国国家标准,2004-01-01。

17. GB/T 5009.116—2003,畜禽肉中土霉素、四环素、金霉素残留量的测定(高效液相色谱法),卫生部,中国国家标准,2004-01-01。

18. GB/T 5009.161—2003,动物性食品中有机磷农药多组分残留量的测定,卫生部,中国国家标准,2004-01-01。

19. SB/T 10386—2004,畜禽肉中氯霉素的测定,商务部,2004-09-01。

20. SB/T 10387—2004,畜禽肉和水产品中呋喃唑酮的测定,商务部,2004-09-01。

21. SB/T 10388—2004,畜禽肉中磺胺二甲嘧啶、磺胺甲恶唑的测定,商务部,2004-09-01。

Project 3

其他内科病

> ## 学习目标
>
> 1. 了解禽常见其他内科病的种类、一般发病特点，熟悉常用的诊断方法及防治药物。
> 2. 了解禽常见内科病的概念、病因，掌握其临床症状、剖检变化、诊断及防治措施。

任务四十二　肉鸡腹水综合征

肉鸡腹水综合征又称雏鸡水肿病、肉鸡腹水症、心衰综合征和鸡高原海拔病,是一种由多种致病因素共同作用引起的以心、肺、肝等实质器官发生病理损伤、腹腔内积聚大量浆液性淡黄色液体为特征的临床综合征。该病首次报道于1958年,主要发生于高海拔缺氧地区,近十年来在低海拔地区有关该病的报道也日趋增多,严重危害着我国的肉鸡养殖业。

[发病特点]

(1)本病主要发生于幼龄肉用仔鸡,多见于3～6周龄,特别是生长迅速的肉鸡,这与其生长快、耗能高、需氧多有关。且公鸡发病率高于母鸡。

(2)本病多发于冬季和早春,这与冬春季节禽舍内通风不良而造成缺氧有关。

(3)饲喂颗粒料的肉鸡比喂粉料的发病率高,饲料中拌有过量的痢特灵和含有介子酸的菜籽油,影响心肌功能,导致缺氧和肝硬化。食盐中毒、煤酚类消毒剂和有毒的脂肪中毒等可引起血管损伤,增加血管的通透性,导致腹水症的发生。

[病因]

诱发该病的因素有遗传因素、环境因素、饲料因素等,一般都是机体缺氧而致肺动脉压升高,右心室衰竭,以致腹腔积液所致。

1. 遗传因素

主要与鸡的品种和年龄有关,由于遗传选育过程中侧重于生长方面,使肉鸡心肺的发育和体重的增长具有先天性的不平衡性,即心脏正常的功能不能完全满足机体代谢的需要,导致相对缺氧。据观察,幼龄快速生长期的肉仔鸡对能量和氧气的需要明显增加,红细胞在肺毛细血管内不能畅流,影响肺部血液灌注,导致肺动脉高压及右心室衰竭,血液回流受阻,血管通透性增强,这可能是该病发生的生理学基础。

2. 环境因素

环境缺氧和因需氧量增加而导致的相对缺氧是诱发该病的主要原因。高海拔地区,空气稀薄,氧分压低,易致慢性缺氧;肉鸡的饲养需要较高的温度,通常寒冷季节为了保温而紧闭门窗或通风换气次数减少,空气流通不畅,换气不足,一氧化碳、二氧化碳、氨气等有害气体和尘埃在鸡舍内积聚,空气污浊,含氧量下降,造成相对缺氧;同时天气寒冷和处于快速生长期,其代谢速度加快,需氧量也随之增加,从而加重缺氧程度。在缺氧情况下,呼吸频率加快,肺功能受损,毛细血管增厚,从而造成血管狭窄,肺血管压力增高,加重心脏负担,使右心肥大、壁薄,血流不畅而致心力衰竭,进一步造成肝及其他脏器的血压升高,导致血压较低的腹血管中的血液回流受阻,向腹腔渗透而形成腹水。

3. 饲料因素

饲料的因素主要有以下几种。

(1)高能量日粮使肉鸡的耗氧量增加。由于消耗过多能量,需氧增多而导致相对缺氧;喂颗粒饲料的鸡采食量大,生长快,饲料消化率高,需氧增多。

(2)高蛋白质或高油脂等饲料造成营养过剩或缺乏。

(3)饲喂的菜籽饼中芥子酸含量高,钙、磷水平低于0.05%或维生素D在饲料中的含量低于200 IU。

(4)饲料中食盐含量超过0.37%;其他微量元素和维生素不足以及饲料霉变、霉菌毒素中毒等也可引发腹水症。

4. 继发因素

当肉鸡患慢性呼吸道疾病和大肠杆菌病时,可继发腹水。机体中间代谢的有毒产物蓄积,空气中的有毒气体,某些药物用量过多及损害肝、肾等的多种疾病,均可引起肝脏或肾脏病变,降低解毒及排泄机能,导致机体中毒,静脉瘀血,血压升高,血管渗透性增大,血浆外渗而形成腹水。

彩图 3-1　腹部明显膨大,呈水袋状

彩图 3-2　腹腔内大量积液

[症状]

病鸡生长发育迟缓,精神沉郁,饮食欲减退,羽毛蓬松,精神倦怠,不愿活动,呼吸困难,冠、肉髯发绀,腹部明显膨大,呈水袋状(彩图 3-1),下垂,触压有波动感,腹部皮肤变薄、发亮,严重者皮肤瘀血发红、发紫,有的病鸡站立困难,以腹部着地呈企鹅状,行动迟缓,呈鸭步样。病程一般为 7~14 d,死亡率 10%~30%,最高达 50%。

[剖检变化]

腹腔内积聚大量液体,多为淡红黄色半透明出血性渗出物(彩图 3-2),内有纤维蛋白样物质,呈半透明胶冻样凝块;肠道广泛充血,肠壁增厚;肺部充血、水肿;心包积液,心脏增大,右心明显肥大、扩张,心肌松弛,心脏表面有白色点状小病灶,心腔内有凝固的血凝块。肝瘀血、肿大,呈暗紫色,边缘钝圆、增厚,肝脏表面有一层胶冻样物质,能形成肝包膜水泡囊肿;肾脏充血肿大,并有尿酸盐沉积。

[治疗]

治疗原则是排出腹腔积液,消炎利尿,对症治疗。实际生产中由于治疗费时费力,所以该病主要以预防为主。

1. 排出腹腔积液

用注射器无菌操作抽取腹腔积液,然后用生理盐水冲洗。

2. 消炎利尿

排出腹腔积液后腹腔内注入 0.05%的青霉素普鲁卡因 0.2~0.3 mL,1%速尿注射液 0.3 mL。全群饮水中加入 0.05%维生素C,或喂服 25%葡萄糖 4~5 mL/只,双氢克尿塞 4~5 mL/只,2 次/d,同时饮服抗生素,连用 3 d。

3. 对症治疗

在饲料或饮水中添加氯化钙、维生素、微量元素、矿物质以及健脾利水的中草药等。严重病例同时肌内注射 10%安钠咖 0.1 mL。

[预防]

本病的预防主要从优良品种选育,加强通风换气、改善饲养环境,合理搭配日粮,控制生长速度等方面进行。

(1)开展优良品种的选育工作,培育出对缺氧和腹水症都有耐受力的优良家禽品系是解决问题的有效途径。

禽内科病

（2）禽舍空气中的氨气、灰尘和二氧化碳的含量是诱发腹水症的重要原因,所以在高密度饲养肉仔鸡的生产中,要解决好防寒保暖与通风换气的关系,以保证充足的氧气供应。所以,应调整饲养密度,改善通风条件,减少舍内有害气体及灰尘的含量,使之有充足的氧气。经长途运输的雏鸡禁止暴饮。此外,孵化缺氧是导致腹水症的重要因素,所以在孵化的后期,向孵化器内补充氧气,也可减少腹水症的发生。

（3）因为低营养水平日粮饲喂的肉仔鸡腹水症远远低于采食高营养水平日粮的仔鸡,所以应早期适度限饲,控制肉仔鸡早期生长速度。调整日粮营养水平和饲喂方式,建议在3周龄前饲喂低能日粮,之后转为高能日粮。1~3周龄,粗蛋白20.5%~21.5%,代谢能量11.91~12.33 MJ/kg;4~6周龄,粗蛋白18.5%~19.5%,代谢能量12.54~12.75 MJ/kg;7周龄至出栏,粗蛋白13%,代谢能量12.75~12.96 MJ/kg。

（4）适当添加或控制维生素、微量元素、矿物质和氨基酸的用量,日粮中维生素 C 添加量应在 450~500 mg/kg,维生素 E 的添加量应为 24 mg/kg,硒的添加量应为 0.15 mg/kg,钙的含量应在 0.9%~1.1%,磷的含量应在 0.7%~0.8%,食盐含量控制在 0.5% 以内,钠的含量不超过 0.25%。因为 β-丙氨酸可提高腹水症的发病率,L-精氨酸可减少腹水症死亡率,所以日粮中可适当减少 β-丙氨酸,补充 L-精氨酸。

（5）合理控制光照,不但可使鸡黑暗期间产热和氧气需要量均显著降低,而且在光照间歇期可以使已经具有轻微腹水症的鸡恢复。控制光照可以从肉仔鸡2周龄开始晚间采用间歇光照法,即2~3周龄光照1 h,黑暗3 h;4~5周龄光照1 h,黑暗2 h;6周龄至出栏光照2 h,黑暗1 h。

任务四十三　输卵管囊肿

鸡输卵管囊肿又称鸡输卵管积液、鸡输卵管积水,是由各种原因引起的产蛋鸡输卵管膨大,呈囊状,输卵管内蓄积大量液体的一种疾病。该病发病率为 10% 左右,主要侵害初开产的产蛋鸡的输卵管,导致混合感染,产蛋率下降,造成严重经济损失。

[病因]
该病病因尚不明确,目前认为主要由以下几种因素引起。
（1）传染性支气管炎早期感染后遗症。
（2）沙眼衣原体感染。
（3）大肠杆菌病引起慢性输卵管炎所致。
（4）玉米赤霉烯酮所致。

[症状]
本病多发于初开产的产蛋鸡,父母代种鸡多见,患鸡外观正常,鸡冠发育良好,腹部膨大,下垂,腹泻,行如企鹅,有波动感,易被误诊为腹水症。

[剖检变化]
（1）输卵管内可见较大的囊肿物,肿液清澈透明,无色无味,体积可达 500 mL 以上。
（2）内脏器官因受压迫萎缩变小,卵巢不能正常发育,但有时可见发育成熟的卵泡。

（3）在一些鸡群中可见输卵管形成大小不等的囊肿（彩图3-3），花生粒至鸡蛋大小，卵泡发育良好，但不能正常产蛋。

[防治]

该病一般常用的治疗药物有四环素、土霉素、链霉素等，但治疗效果不理想，多采取淘汰病鸡的措施。

彩图3-3　输卵管囊肿

任务四十四　产蛋鸡猝死症

产蛋鸡猝死症又称产蛋疲劳症或新开产母鸡症。主要特征是笼养产蛋鸡夜间突然瘫痪或死亡。

[病因]

本病的发生原因复杂，夏季高温缺氧，通风不良是发生该病的重要因素之一。

[症状]

1. 急性型

突然发病，不表现症状，迅速死亡。越高产的鸡死亡率越高。死鸡多见泄殖腔突出。

2. 慢性型

病鸡表现为瘫痪，不能站立，以跗关节着地。

[剖检变化]

（1）病鸡表现卵泡出血，肝脏肿大，瘀血，有出血斑，肺瘀血，心脏扩张，输卵管充血，水肿，往往有硬蛋壳存在。

（2）腺胃溃疡，穿孔或腺胃壁变薄，腺胃乳头流出褐色液体。

（3）肠道出血，肠黏膜脱落，内容物呈灰白色或黑褐色。

[防治]

（1）加强饲养管理，合理调整饲养密度，做好通风换气工作。

（2）育成青年母鸡在接近性成熟时提高饲养水平，同时考虑补充钙、磷。

（3）饲料中按500～1 000 g/t添加维生素C可缓解病情。

（4）应用抗生素预防肠炎和输卵管炎，青霉素、链霉素饮水，20 000 IU/只，用泰乐加（复方泰乐菌素）饮水亦有较好的效果。

（5）对病情严重的鸡群，晚间11点到凌晨1点开灯1～2次，补充饮水，降低血液的黏度，减轻心脏负担，降低死亡率，及时将瘫痪鸡置于阴凉通风处。

任务四十五　缺水

缺水是指由于各种原因，家禽不能摄入足量的水而导致以自体中毒、神经症状为特征的疾病。家禽缺水现象比较常见，但未引起人们普遍重视。

禽内科病

水不仅直接参与机体组织的构成,而且具有运输营养物质,并排出代谢产物,以维持机体内环境恒定,促进和参与代谢过程,调节体温等重要生理功能。当家禽严重缺水时,水的上述生理功能发生障碍或被破坏,产生一系列不良后果。由于细胞内液体的析出,造成细胞皱缩和代谢障碍,细胞外液得不到补充,造成血液浓缩和循环障碍,有害的代谢产物积聚而引起自体中毒。缺水过久,各种消化液分泌减少,影响食欲,引起消化功能障碍。由于散热障碍而使体温升高。严重缺水,因皮质和皮质下中枢功能障碍而出现神经症状。

[病因]

引起家禽缺水的原因很多,主要有如下几方面。

种蛋保存期太久或蛋库的湿度小,水分丧失过多;在孵化过程中温度偏高或湿度偏低也可使种蛋失水过多;雏禽出壳后 12~24 h 之内未得到饮水而造成幼雏缺水;环境温度高而饮水量增加,产蛋量高时饮水量也增多,此时如果供水不足,极易造成缺水;饮水器数量不足或分布不均、安置过高(一般不超过鸡背 2.5 cm 为宜)或自动饮水器发生故障;家禽在长途运输前,未给予充足的饮水,途中不及时补水,造成缺水;家禽在受到外界强烈的刺激以及转群到新禽舍时,由于过分受惊和对新环境的适应能力较差,均可影响家禽的饮水。

此外,口腔疾病、嗉囊和腺胃阻塞、运动障碍性疾病等,也可影响家禽饮欲而引起缺水发生。

[症状]

对于短时间轻度缺水的家禽,一般在得到饮水后可不表现出明显症状。而长时间或严重缺水,尤其雏禽则可表现明显的症状,甚至死亡。鸡体失水 10% 时,则可造成死亡。

发病初期,表现为兴奋性增高,不断鸣叫,张口伸颈,体温升高 1~2℃。若缺水严重,表现为皮肤干燥、皱缩,眼窝下陷,鸡冠和肉髯呈蓝紫色,精神沉郁,翅膀下垂,有的呈昏迷状态并伴有阵发性痉挛,最终衰竭而死。

幼雏缺水表现为体重减轻,绒毛与趾爪干枯无光泽,眼凹陷,缺乏活力。一般情况下,及时补水后,多数可以很快恢复正常,但有一部分失水严重的,持续衰弱,抗病力差,造成弱雏或死雏增多。据报道,雏鸡完全断水 10 h 后恢复饮水,采食量会明显减少,几天后即死亡。

雏火鸡缺水,主要表现为虚弱、步态蹒跚、麻痹、抽搐、头颈扭曲、倒地等症状。

[剖检变化]

剖检可见尸体消瘦,皮肤及肌肉干燥,肌肉颜色变深,嗉囊空虚、干燥,肝萎缩,肾脏常有尿酸盐沉积等。

[防治]

(1)种蛋产出后应尽快孵化,一般不超过 5~7 d,存放过久不仅孵化率低,且失水也比较严重。种蛋贮存环境的相对湿度应保持在 75%~80%。在孵化过程中应控制适宜的温度和湿度。孵化器内的相对湿度要保持在 50%~60%,出雏器内保持在 60%~70%,不宜过于干燥。雏禽出壳后 12~24 h 即给予饮水,雏禽出壳时间不整齐时,应按先后顺序分批饮水。在育雏期间,育雏室应保持适宜温度,饮水不得中断。在日常管理过程中,应注意温度对饮水量的影响,当气温高于 20℃ 时饮水量增加,产蛋高峰时饮水量也增多,笼养的比散养的饮水多,由于肉用鸡增重快,饮水量要比蛋用型鸡多,因此,在供水时应充分满足它们的需求。

(2)禽舍内饮水器数量要充足,分布要均匀,饮水器高度应随雏鸡的体高而调整,始终保持比鸡背侧高 2.5 cm。使用自动饮水系统,应经常检修,避免发生故障,保障不断供水。饮水池、管道、饮水器要保持清洁,饮水的水温应适宜,一般与室温相近。

(3)长途运输家禽,装运前要给予充足饮水,运输途中时间长的要中途补水。

(4)由于某些疾病会妨碍家禽饮水,要注意防治原发病的发生。

任务四十六　笼养蛋鸡疲劳症

笼养蛋鸡疲劳症又称为笼养鸡软脚病,主要发生于笼养产蛋母鸡,散养母鸡很少见,体型大的蛋鸡群较易发生,而轻型鸡较为少见。该病在笼养鸡场中时有发生,尤其多发生于高产鸡产蛋旺季,发病率可达 10%～20%。生产率高、饲料利用率高的幼、母鸡均可发生。

1955 年北美的 Couch 首次报道了一群高产蛋鸡突然发生腿衰弱病,1968 年 Ridell 等将这种症候群称之为"笼养蛋鸡疲劳症"。近 10 多年来我国一些地区也有该病发生的报道。

[病因]

目前对其病因尚未取得一致的意见,一般认为是由于笼养鸡所处的特定环境以及矿物质、电解质失去平衡,生理紊乱所致。笼养鸡在笼内没有足够的活动空间,尤其是小笼饲养,每只鸡所占的笼面积太小,母鸡不能舒适地蹲伏,长期缺乏活动,肢体必然造成疲劳,双腿和躯体骨骼发育受到影响,从而发生此病。

笼养蛋鸡比平地散养的蛋鸡,对钙、磷等矿物质的需求量高,尤其是进入产蛋高峰的高产期。如果日粮中的钙、磷不足时,为满足形成蛋壳的需要(一只年产蛋 250～300 枚的母鸡,形成蛋壳所需要的钙质不低于 600～700 g),母鸡就得动用自身骨骼中的钙,而后动用肌肉中的钙,同时在这一过程中常伴发尿酸盐在肝、肾内沉积,引起母鸡新陈代谢紊乱,包括脂肪代谢,必然会引起脂溶性维生素 D 吸收不良,造成钙代谢障碍,导致骨质疏松和软化。

由于钙、磷的化合物种类不同,在胃、肠中的停留时间和吸收速度也不一样,比如骨粉、石粉等饲料,其吸收和排泄较快,而贝壳粉则反之,这就是在产蛋鸡的日粮中加入骨粉和石粉还会发生本病的原因。

另外,本病的发生与饲料里锰、维生素 C、维生素 D,尤其是维生素 D 的缺乏关系密切。也有人认为,食盐比例不当也是诱发本病的因素之一。

[症状]

病初,蛋鸡食欲、精神、羽毛均无明显的变化,产蛋量也基本正常。随着病情的发展,表现为反应逐渐迟钝,食欲减退,两肢发软,不能站立,常呈侧卧姿势,并伴有脱水、体重下降,故又称为"笼养鸡瘫痪"。若病情加剧,则表现为骨质疏松,易于变形、折断,病禽躺卧或蜷伏不起,最终导致极度消瘦、衰竭而死。由于骨骼变薄、变脆,肋骨、胸骨变形(彩图3-4),有的在笼内即骨折,有的在捕捉或转群时出现多发性骨折,肋骨、胸骨骨折易引起呼吸困难、截瘫。尽管鸡严重缺钙,但产蛋量和蛋质量并未下降,直至病的后期产蛋量才明显下降。

彩图 3-4　胸骨变形

[病理变化]

1. 剖检变化

骨骼如腿骨、肋骨、胸骨、脊椎等变形和骨折,胸廓缩小。出血性肠炎,皮肤营养障碍。关节呈痛风性损伤,肾脏尿酸盐沉着。

2. 病理组织学变化

镜检可见骨骼疏松，正常骨小梁结构破坏，组织呈出血性炎症。有时肾盂急性扩张，肾实质囊肿。

[防治]

（1）由于本病多发生于笼养蛋鸡开产后或产蛋高峰期，因此在产蛋前要确保饲料中钙、磷含量要略高于散养鸡，钙不低于 $3.2\%\sim3.5\%$，有效磷保持在 $0.4\%\sim0.45\%$，其他矿物质、维生素 C 和维生素 D 等也要满足鸡的正常需要。

视频 3-1　七彩山鸡
运动场地

（2）上笼的时间以 $17\sim18$ 周龄为宜，在此之前实行散养，自由运动，增强体质（视频 3-1）。上笼后给予产蛋鸡日粮，经 $2\sim3$ 周适应过程，可以正常开产。

（3）每只鸡占的笼面积应不少于 $380\ cm^2$，不宜用狭小鸡笼饲养中型鸡。舍温控制在 $20\sim27℃$ 之间，尽量减少应激反应。

（4）平时注意观察鸡群，发现病鸡后即挑出来散养，及时补充钙、磷和维生素 D 等。一般症状较轻的在 $2\sim3$ 周内可恢复正常，对已骨折且严重消瘦、衰竭的病鸡应予以淘汰。

任务四十七　肉鸡骨骼畸形

肉鸡骨骼畸形是肉鸡快速生长过程中发生骨骼异常的总称。主要表现跛行，骨质缺陷及畸形。本病常发于肉仔鸡，肉鸡和火鸡也可发生。从目前的研究水平看，肉鸡骨骼畸形与肉鸡腹水症、猝死综合征被认为与肉鸡的快速生长相关，即高营养使动物快速生长的同时，由于某些方面的代谢不平衡引起跛行、骨质缺陷及畸形。

[病因]

引起骨骼畸形的原因很多，其中营养缺乏可导致禽的骨骼疾病，由于肉鸡的快速生长，对某些营养素的需求量大，故发病率较高。大量研究表明，在生长较慢的品系中，许多骨质缺陷是极少见或见不到的。另外，机械或外伤性因素在快速生长的肉鸡中也较为常见。因为随着年龄的增加，机体的组织要变得更结实，抗损伤力更大，尤其骨质、肌腱、韧带的成熟更是与年龄密切相关。随着肉鸡出栏时间越来越短骨骼畸形变得越来越严重。在 20 世纪 70 年代，肉鸡最大增重为 $50\ g/d$，到 20 世纪 90 年代已达到 $65\ g/d$；过去出栏时间在 $50\sim55\ d$，现在缩短到 $45\ d$ 左右。因此，导致骨、关节、韧带、肌腱等支撑体重与维持体重的组织尚未发育成熟，在高体重的影响下不可避免地会出现一系列问题。

另外，饲料、饮水中的有害物质或遗传缺陷等，亦可引起骨骼畸形。

[症状]

骨骼损伤的部位不同，临床表现有很大差异，常见的有以下几种。

1. 慢性疼痛性跛行

许多体重大的肉鸡行走时非常疼痛（视频 3-2），喜欢卧地，但临床或组织学检查并无明显病变。强迫起立时，蹒跚行走数步，然后便蹲下，现在尚不清楚这种疼痛是否与骨质、肌腱、韧带或肌肉有关。实践

视频 3-2　鸡慢性
疼痛性跛行

表明,这种跛行可通过在前 2 周白天提供较长的暗环境,减缓其生长速度,在最后 4 周延长光照周期加速性成熟并增加活动得到减轻。此外,严重的胫骨软骨发育不良、损伤也可产生类似跛行。

2. 跗骨间关节的外翻-内翻畸形

这是肉仔鸡最常见的长骨畸形类型。一般发病率为 0.5%～2%,严重时可达 5%～20%。最早可发生于 1 周龄,主要是胫骨远端向内或向外形成角度,跖骨近端也形成类似的畸形,但角度较小。病变可发生于双腿,但通常发生于一侧,右腿较左腿更多见。大多数病鸡呈外翻或内翻足畸形,偶尔也有一腿发生外翻足,而另一腿发生内翻足。一些病鸡其胫骨远端也同时发生向内或向外扭转,有时股骨也发生异常扭转。此外,B 族维生素及微量元素缺乏也可产生类似的畸形。

3. 胫骨软骨发育不良及软骨骨病

胫骨软骨发育不良是软骨细胞增生失败的结果,轻、中度损伤可能出现胫骨近端肿大,但不一定引起跛行;严重的损伤可引起行动困难,病鸡由于体重作用而胫骨近端软弱无力,出现疼痛性跛行。软弱无力的胫骨近端可能被强大的腓肠肌拉向脊部,导致畸形,或大量软骨形成无血管坏死,发生自发性骨折。无论畸形或骨折,鸡均难以运步,难以采食、饮水。

胫骨软骨发育不良与快速生长关系最为密切,普遍存在于肉用禽,很少见于或不发生于其他禽。肉鸡生长最快的骨板为胫骨近端,胫骨发育不良可能是增生的软骨缺乏专门的营养所致,增加 1,25-二羟胆钙化醇可明显减少这种症状的发生。由于 1,25-二羟胆钙化醇的生物利用受到生长骨板酸碱平衡的影响,所以饲料中高氯或高磷可加重胫骨软骨发育不良。快速生长也可引起代谢性酸中毒,炎热的环境过度呼吸还可引起呼吸性酸中毒,因此快速生长的影响不止一个方面。

4. 脊椎前移(又称卷曲背)

脊椎前移是由于第三、四胸椎之间的韧带撕裂并且第四胸椎的前端垂直脱位,后端向上扭转,冲击脊柱,从而使腿软弱无力、不能走动,尾部坐立,两腿伸出,或呈"爬行状",导致难以采食与饮水。这种畸形也与快速生长有关,多见于母鸡。此外,第四胸椎关节软骨的骨软化可导致对脊柱的冲击,引起类似症状,多见于公鸡。由于发育不成熟以及过重的胸肌使韧带与骨的连接力度不够是脊柱前移的最可能原因。第四胸椎以及关节的软骨软化是无血管退行性变化的结果,直接与软骨快速生长有关,这些软骨由于没有足够的时间再造型以及软骨细胞分化失败而变厚。

5. 骨骼分离

剖检快速生长的肉鸡时,将腿从关节处分离,关节软骨常常从股关节囊转节处脱开,暴露出光滑发亮的生长板。这种生长板的分离可发生于有软骨发育不良以及骨髓炎的鸡中。活鸡的这一反应是损伤所致,最易发生于抓住鸡的一条腿或固定时。根本原因是快速生长没有足够的时间形成结实的组织。

6. 腓肠腱断裂

腓肠腱断裂主要发生于体格较大肉鸡和种肉鸡,具体分离部位在踝部之上。如果双侧损伤,鸡不能站立,这种情况是体重过大以及韧带发育不良所致。由于快速生长可能导致血液供应不足,或韧带不够结实。

7. 其他症状

还有一些多见的骨骼畸形,其共同临床特点是动物表现急、慢性疼痛、跛行、卧地等一系列症状,剖检可发现具体问题所在。

［防治］

本病的防治原则是减缓增重、适当延长出栏时间的同时,改善肉鸡的生存条件。

(1)早期适度限饲,控制肉仔鸡早期生长速度。调整日粮营养水平和饲喂方式,建议在3周龄前饲喂低能日粮,之后转为高能日粮。1～3周龄,粗蛋白20.5%～21.5%,代谢能量11.91～12.33 MJ/kg;4～6周龄,粗蛋白18.5%～19.5%,代谢能量12.54～12.75 MJ/kg;7周龄至出栏,粗蛋白13%,代谢能量12.75～12.96 MJ/kg(见文档3-1)。

文档3-1 限饲-肉鸡、蛋鸡增效饲养的有效途径

(2)饲料中添加机体需求量的钙、磷,并调节钙、磷比例适当。

(3)保证肉仔鸡一定的活动空间,使其适当进行自由活动,以增强骨、关节、腱、韧带的负重,正常发挥其支撑和运动功能。

(4)在饲料中添加适量碳酸氢钠,不但可提高产蛋率,而且可增强骨骼强度,平衡钠、氯水平,中和体内毒素。

任务四十八　应激综合征

应激是动物机体对一切胁迫性刺激表现出适应性反应的总称。禽应激综合征指禽在各种应激原的刺激下,机体分泌机能、物质代谢、神经系统紊乱,导致惊恐不安,甚至猝死为特征的疾病。应激包括两种情况,即顺应激与逆应激。顺应激指刺激引起的反应是有益的,如长时间光照引起产蛋增加,而弱光可减少肉鸡的能量消耗,促进增重等;逆应激指刺激引起的反应有害于机体,如惊恐、运输、寒冷、暴热等。通常所指的应激反应多指逆应激。

［病因］

引起应激的诱因或应激原很多,除过热、过冷等自然因素外,主要是人为因素,如运输、驱赶、分群、混群、个体抓捕、保定、预防接种等。大多数应激因素因作用时间短、强度小,一般仅引起机体一定范围内的代谢反应,不一定出现临床症状,但有的应激反应因强度大、作用时间长,常引起明显的临床症状与病理变化,甚至引起动物死亡。见视频3-3和视频3-4。

视频3-3　贵妃鸡 应激反应1

视频3-4　贵妃鸡 应激反应2

1. 猝死性应激综合征

受到强烈的刺激后,禽群中个别禽只无任何症状而突然死亡,主要是因为禽类突然受到惊吓,神经高度紧张,肾上腺素大量分泌,引起虚脱而猝死。

2. 热应激综合征

当环境温度使机体温度高于生理值的上限时，即发生热应激，严重时可导致禽类死亡，如同中暑或日射病及热射病，主要是由于禽在夏季烈日下暴晒或环境温度过高所致。

3. 运输应激综合征

运输应激综合征主要与抓捕、混群造成的恐惧、疼痛、拥挤、相互攻击以及运输途中热应激、饥饿、缺水等一系列因素有关。轻度运输应激可使机体抵抗力下降，到新的环境时易继发引起各种疾病。经常发生的长距离异地引种，进场后禽类大批发病，甚至因感染某些传染病或激发潜伏期的传染病，最后导致大批死亡就属这种情况。

4. 其他应激综合征

包括免疫接种，光照时间过长、过强，饲料突然变更及环境条件等应激因素造成的疾病。

[症状]

病禽狂躁不安、精神高度紧张，鸣叫、蹿跳，或呈攻击状，大群散养时会出现相互撞击，挤压、踩踏等现象，有时会发生猝死。严重者表现为颤抖畏缩，哀叫，敏感性逐渐降低，对外界刺激的反应迟钝，嗜睡、昏迷，甚至死亡。

[剖检变化]

剖检可见肾上腺出血，胃、肠黏膜出血、坏死，甚至溃疡。

[防治]

本病的防治原则是消除应激原，加强饲养管理，保证日粮合理搭配。

(1)消除应激原首先应注意场址的选择，一般禽舍应选择远离交通要道，减少人的活动以及噪声引起的应激。其次，要搞好鸡舍环境卫生，在温度，湿度和空气质量要达到一定的标准，夏天炎热季节注意通风良好，采取科学、有效的降温措施，如通风、洒水、安装湿帘、换气扇、空调等(彩图 3-5 和彩图 3-6)。避免人为惊吓，保证充分休息，提供充足饮水。禽舍环境、料槽、水槽要定期消毒。在转群、断喙、接种疫苗、选种、称重、运输的过程中避免过度刺激，尽量减少应激反应。

彩图 3-5　换气装置　　　　　　　　　　　　　彩图 3-6　湿帘

(2)保证各年龄阶段饲喂全价饲料，适当应用抗应激药物。在热应激的情况下，可在饲料或饮水中补充维生素 C、维生素 E 和 B 族维生素，添加贝壳粉或石粉等矿物质和电解质，添加杆菌肽锌不仅可抗热应激，还可提高产蛋率，34℃高温环境下的蛋鸡日粮中杆菌肽锌的添加量为 100 mg/kg。也可在日粮中添加 0.3%～1%小苏打，各种新型复合抗热应激药物，如暑伏安、热不怕、热益舒等。另外，将某些中草药添加于鸡日粮中，可以增强鸡对高温的适应性，调整机体免疫机能，缓解热应激，并且不会在肉、蛋中残留。添加的中草药主要有金银花、刺五加、菊花等。

任务四十九　卵黄性腹膜炎

卵黄性腹膜炎是由于卵泡脱落后,因某种原因未落入输卵管伞而落入腹腔,发生腐败、变质而引起的腹膜感染为特征的疾病。肉种鸡特别是笼养肉种鸡的发病率逐年增高,死亡率在 10%～15% 或更高,造成肉种鸡生产性能降低,治疗难度大,养殖效益下降。

[病因]

1. 传染性因素

(1)禽流感病毒感染,产蛋鸡会出现严重的卵黄性腹膜炎,卵子液化,输卵管内有黄白色干酪样物。

(2)发生鸡新城疫时,产蛋鸡卵泡充血、出血,卵泡膜破裂,引起卵黄性腹膜炎。

(3)产蛋鸡感染鸡白痢或鸡伤寒沙门氏菌时,会引起卵巢炎,卵泡出现充血、变性、破裂,造成卵黄性腹膜炎。

(4)鸡大肠杆菌病能引起产蛋鸡输卵管炎,卵泡膜充血,卵泡变形,卵黄呈绿色或灰绿色,卵泡破裂,输卵管伞部粘连,卵泡落入腹腔造成腹膜炎。

2. 饲养管理因素

(1)肉种鸡 17～19 周龄是性器官快速发育的重要阶段,如果这个阶段周增重达不到标准,将严重影响到鸡群性器官的发育。加光后鸡群性器官发育异常,产蛋初期双黄蛋的比例就会增高,产蛋后期卵黄性腹膜炎发病率将会增多。

(2)肉种鸡在 21～28 周龄,因过度加料造成种鸡过肥超重,产蛋后期易发生卵黄性腹膜炎。

(3)加光与鸡群的个体发育及性发育整齐度不协调,即加光时鸡群个体体重没达标,未发育成熟,这样加光加料后,会造成未发育成熟鸡群的体重迅速超标,排卵异常,会出现初产蛋重偏低、双黄蛋、脱肛鸡及鸡腹膜炎比例增加等现象。

(4)肉种鸡笼养时,因人工输精操作不当而引起腹膜炎。输精人员输精时手法不正确易划伤鸡输卵管口,造成输卵管感染而引起腹膜炎,翻肛人员习惯用大拇指挤压鸡腹部,易造成种鸡卵黄性腹膜炎。

(5)产蛋期间,种鸡对周围环境、进舍人员非常敏感,易发生炸群现象,剧烈运动易使成熟的卵泡跌入腹腔而发生卵黄性腹膜炎。

(6)饲料中钙、磷及维生素 A、维生素 D、维生素 E 不足,蛋白质过多,使代谢发生障碍,卵巢、卵泡膜或输卵管伞损伤,致使卵黄落入腹腔中。

(7)当成熟卵泡即将向输卵管伞落入时,鸡突然受惊吓,卵泡往往误落入腹腔中。

[症状]

本病多呈慢性经过,病鸡通常没有明显症状,人工输精时发现鸡腹部发硬,输卵管口翻不出来。有的病鸡腹部膨大、下垂,呈企鹅样,鸡冠萎缩,贫血,下痢,进行性消瘦。病初母鸡不产蛋,随后则精神不振,食欲减退,行动缓慢,腹部过度肥大而下垂,多数母鸡表现腹部拖地。当触诊腹部时,敏感疼痛,触之有波动感。

[剖检变化]

剖检可见腹腔内有大量卵黄或灰黄色炎性渗出物(彩图 3-7 和彩图 3-8),肠管互相粘连,有时腹腔内出现卵黄凝块。如果伴有大肠杆菌混合感染时,腹腔内渗出物颜色变暗、变黑,有恶臭气味,产生的纤维素性渗出物,引起肠袢粘连。

彩图 3-7　卵泡发育异常

彩图 3-8　腹腔内的卵黄凝块及黄色渗出物

[诊断]

本病根据临床特征和腹部触诊,不难做出初步诊断。进一步结合尸体剖检,即可确诊。

[防治]

本病无治疗意义,发现病鸡应及时淘汰。可根据病因制定预防措施,在产蛋期供给充足的钙、磷及维生素饲料,调整日粮中蛋白质,禁止驱赶和突然惊吓,及时防治鸡白痢、大肠杆菌病等疾病。

(1)按国家有关规定及免疫程序,认真做好禽流感、新城疫疫苗免疫接种,在开产前进行抗体监测,如果抗体不足必须进行补免。

(2)从无鸡白痢的祖代肉种鸡场引种,并做好种鸡群的检疫、药物预防及环境消毒工作,能有效预防鸡白痢等沙门氏菌病的发生。

(3)使用抗菌药物或微生态制剂,搞好鸡舍环境卫生及饮水清洁,定期带鸡消毒是防治鸡大肠杆菌病发生的有效措施,也可以用大肠杆菌油乳剂或蜂胶佐剂灭活苗免疫来防治鸡大肠杆菌。

(4)肉种鸡 15 周龄以后,做好称重工作,如果超重应重新制作体重曲线,这个曲线应平行于标准体重曲线,保证肉种鸡 17～19 周龄的周增重,21 周龄至开产这段时间应按标准周增重加料,防止加料过快,造成种鸡超重。

(5)为防止光照造成体重超标,排卵异常,加光时间不能按周龄固定不变,加光时间应根据鸡群的个体发育及性发育整齐度来决定。实践证明,触摸母鸡耻骨间隙完全达到两指至两指半(约 4 cm)时加光最为适宜。

(6)产蛋期间尽量减少应激,防止鸡产蛋期炸群。人工输精操作要规范,翻肛人员右手拇指与其他四指分开按压鸡尾根和腹部,当腹内压增大时,输卵管口便可翻出,禁止只用大拇指顶压鸡腹部。

任务五十　肉鸡猝死综合征

肉鸡猝死综合征又称肉鸡急性死亡综合征,因死亡前突然在地上翻转,两爪朝天,故又称翻仰症。临床上以生长快速、肌肉丰满、外观健康、突然死亡为特征。以生长快速的肉鸡多发,肉种鸡、产蛋鸡和火鸡也有发生。

[发病特点]

本病一年四季均有发生,但以夏、秋两季发病率较高。营养状况好、生长发育快的鸡多发生,在2周龄至出栏时多发,发病高峰在3周龄左右,死亡率一般在0.5%～5%,有时病死率可达10%左右,公鸡发病率高于母鸡。

[病因]

本病的病因尚不清楚,但一般认为与品种、饲料、营养、个体发育、环境等因素有关。

1. 遗传及个体发育因素

包括品种、日龄、性别、生长速度、体重等。品种不同发病率也不同,生长速度快、肌肉丰满、外观健康的鸡易发病。肉鸡比其他家禽易发病,1～2周龄时发病率直线上升,3～4周龄时达到发病高峰,以后又逐渐降低。

2. 饲料因素

本病的发生与饲料的营养水平及饲料的类型有关。

(1)与饲料蛋白质水平有关 饲料中粗蛋白质含量为24%的鸡群,发病率明显低于粗蛋白为19%的鸡群,而采用含17%粗蛋白、能量为12 373 kJ/kg的饲料,发病率却会升高,因而认为低蛋白、高能量饲料会造成脂肪在肝内沉积,引发猝死。

(2)与饲料中脂肪含量及类型有关 饲喂含高脂肪特别是饱和脂肪酸水平高的饲料,容易引起猝死。当饲料中脂肪含量达1.8%时,发病率明显增高。实践证明,采用含高动物脂肪的饲料比含高植物脂肪的饲料,发病率会升高,而用向日葵油代替豆油或菜油,发病率则降低。

(3)与矿物质、维生素含量有关 肉鸡饲料中添加维生素A、维生素D、维生素E以及B族维生素,或添加胆碱并配合高锰酸钾饮水可降低本病发病率。

(4)其他饲料因素 有人认为本病的发生还与饲料类型及饲料加工等因素有关。日粮中以小麦为主要谷物原料的日粮发病率较高;饲喂颗粒饲料比用相同成分粉料发病率高。

3. 与心肺功能急性衰竭有关

有些肉鸡体重过大,导致呼吸困难,血钾浓度、血磷浓度降低,碱储减少,乳酸含量升高。若突然受到应激因素如惊吓、奔跑、光照等的刺激,可导致心肺功能急性衰竭而猝死。

4. 环境因素

饲养密度过大、持续强光照射、通风不良、噪声等应激因素都可诱发本病。此外,酸碱平衡失调也是本病发生的原因之一。

[症状]

本病主要发生于体格较大、肌肉丰满的雄雏鸡。发病前采食、活动、饮水、呼吸等均正常,在无明显异常的情况下,突然失去平衡,站立不稳,肌肉痉挛,从出现症状到死亡仅30～70 s。有的狂叫或尖叫,前跌或后仰,跌倒在地翻转,背部着地,少数鸡呈腹卧姿势,颈部扭曲。病程稍长者,呈间歇性抽搐,间歇期内闭目、侧卧伸腿、拉稀,在地上翻转、挣扎,数小时后死亡。

[剖检变化]

剖检可见心脏扩张,心房呈舒张状态。有的死鸡心脏是健康鸡的2～3倍,右心扩张,肺瘀血、肿大。

[诊断]

1. 临床诊断

根据生长发育良好的肉鸡突然死亡、倒地翻转、呈仰卧姿势等症状进行诊断。

2. 剖检和生化检查

剖检时心脏扩张,肺瘀血、肿大等心肺功能急性衰竭的特征也是诊断的重要依据。病鸡血清总脂含量升高,血钾、血磷浓度下降,碱储减少,鸡肝中甘油三酯和心肌中花生四烯酸含量升高。

[防治]

因本病病因不明,目前尚无较好的防治措施,可以考虑从加强饲养管理,合理搭配日粮,适度限饲,防止肉鸡生长过快、过肥等方面综合预防。

1. 加强管理

减少应激因素,防止鸡群密度过大,避免转群或受惊吓时互相挤压等外界刺激。

2. 合理调整日粮和饲养方式

肉仔鸡生长前期要给予充足生物素(300 mg/kg)、维生素 A、维生素 D、维生素 E、B 族维生素等。对 3～20 日龄仔鸡进行适度限饲,适当控制肉仔鸡前期的生长速度,忌用能量太高的饲料。1 月龄前不主张添加高脂饲料。

3. 注意调整饲料酸碱平衡

雏鸡在 10～21 日龄时,可用碳酸氢钾,按 0.5～0.6 g/只混饮,或按 3～4 kg/t 混饲。

4. 注意控制光照

3 周龄后,每日光照时间逐渐延长。夜间零点前后切忌随意开灯、关灯,以防炸群或挤压造成猝死。

任务五十一　肌胃腐蚀症

肌胃腐蚀症又名肌胃糜烂、肌胃溃疡,是由于多种致病因素引起禽的肌胃角质膜糜烂、溃疡、甚至穿孔的一种消化道疾病。剖检可见病禽嗉囊、腺胃、肌胃甚至肠道充满棕黑色液,故又称为黑胃病、黑色呕吐病。主要发生于肉鸡,其次是蛋鸡和鸭。

[病因]

目前对本病的病因有多种观点,比较一致看法是饲喂变质的鱼粉引起的,由于某些变质鱼粉中含有较多的组胺和肌胃腐蚀素,这些致病因子被摄入消化道后,刺激腺胃,使腺胃腺体的分泌功能异常亢进,分泌物中的酸和酶对肌胃产生腐蚀作用,使肌胃角膜溃疡,角膜下肌层出血,血液与酸作用而使胃肠内容物变成棕黑色。另外饲料中硫酸铜、半胱氨酸、氧化锌等成分过量以及维生素 K、维生素 E、维生素 B_6 的缺乏和某些霉菌毒素,均可引起本病的发生。

[症状]

该病多发生在 2～7 周龄的肉鸡,尤以纯种肉用鸡更敏感。病鸡精神沉郁,食欲不振。嗉囊部位皮下肿胀、呈棕黑色,触之嗉囊内容物有波动感。倒置病鸡,从口中流出棕黑色液体。有时病鸡因内出血而冠变白,突然倒地抽搐而死。

[病理变化]

1. 剖检变化

剖检可见口腔、食道、嗉囊、腺胃、肌胃和肠腔内有棕黑色的液体,肌胃和腺胃交界处黏膜水肿、充血、出血,有时因溃疡而穿孔,此时腹腔内充满棕黑色的胃肠内容物。腺胃松弛无弹性,腺胃乳头扩张、肿大,黏膜增厚,有直径 1～2 mm 大的溃疡。肌胃黏膜溃疡、穿孔,黏膜面皱襞排列不规则,肌胃与腺胃结合部位以及在十二指肠开口部附近有不同程度的糜烂及米粒大或较大的散在性溃疡。较严重的病例在靠近十二指肠移行部的肌胃有直径 3～5 mm 大的胃穿孔,且流出多量的暗黑色黏稠液体,污染十二指肠或整个腹腔。在消化道中以十二指肠病变较显著,其内容物呈黑色,黏膜易剥离。见彩图 3-9 和彩图 3-10。

彩图 3-9　肌胃黏膜溃疡

彩图 3-10　肌胃腐蚀,腺胃乳头肿大,黏膜增厚

2. 病理组织学变化

显微镜下可见肌胃角质层及腺胃腺体组织结构消失,炎症反应不显著,主要表现急性坏死,腺体层有许多异嗜细胞及淋巴细胞浸润,严重者浆膜的肌层发生断裂,断裂边缘有少量单核细胞浸润。

[诊断]

1. 临床诊断

根据病鸡嗉囊肿胀、呈棕黑色,触之波动,从口中流出棕黑色液体等特征症状进行诊断。

2. 病理变化

剖检嗉囊、腺胃、肌胃和肠腔内有棕黑色的液体,黏膜水肿、充血、溃疡;病理组织学检查肌胃角质层及腺胃腺体组织结构消失等。

3. 饲料检测

若饲料中含有鱼粉,应注意检测其中组胺和肌胃腐蚀素的含量。

[防治]

(1)一旦发生肌胃腐蚀症应立即停止使用原来的饲料或鱼粉。本病的治疗可考虑在饲料中添加 0.4% 的甲氰咪胍,1% 碳酸氢钠或 0.02%～0.04% 呋喃唑酮。

(2)本病的预防关键在改善饲养管理,日粮中鱼粉比例要适宜,禁喂腐败变质的鱼粉,注意饲料中各种营养成分的搭配,控制锌、铜等矿物质的添加量,适量补充维生素 A、维生素 K、维生素 E、维生素 B_6 和矿物质。

任务五十二　嗉囊卡他

嗉囊卡他又称为软嗉病、嗉囊下垂,是禽嗉囊黏膜的一种卡他性炎症。各种家禽都有发生,但鸡发病率较高,尤其是雏鸡。主要特征是嗉囊显著肿胀、下垂。

[病因]

（1）采食了硬而不易消化的食物如稻草、麦秸、麦粒或大粒玉米渣等。

（2）采食发霉变质和易腐败发酵的食物。这类食物在嗉囊进一步腐败发酵，产生气体和液体，刺激嗉囊黏膜发炎，引起嗉囊肿胀。

（3）误食了毒物，如有机磷、砷制剂、汞的化合物或过量食盐。

[症状]

食欲减退或废绝，精神委顿，嗉囊明显肿胀，充满气体和液体，触之柔软，疼痛敏感，挤压嗉囊时，从口腔中流出黄色混有气泡的酸臭黏液。严重时，病鸡头颈反复伸直，频频张口，做吞咽动作，呼吸困难，迅速消瘦。由于食物蓄积、腐败，产生毒素，可引起自体中毒而导致死亡。

[防治]

（1）本病预防的主要措施是加强饲养管理，避免喂坚硬不易消化的食物以及霉变的饲料，防止各种毒物中毒。

（2）本病的治疗方法是冲洗嗉囊，消除炎症。首先倒置病鸡，轻轻挤压嗉囊，使酸臭内容物从口中排出。然后向嗉囊内灌入0.2％高锰酸钾溶液或1.5％碳酸氢钠（小苏打）溶液，灌至嗉囊胀大，轻揉嗉囊，数分钟后，再将鸡倒置，将灌入液体及其内容物排出，然后给予少量抗生素，禁食1d。1d后给予少量易消化饲料，也可以加入健胃、助消化的药物如酵母片、健胃散等，促进嗉囊黏膜恢复。

任务五十三　嗉囊阻塞

嗉囊阻塞是嗉囊内的食物不能向胃及肠管运行，积滞于嗉囊内，以嗉囊膨大、坚硬为特征的一种疾病，又称硬嗉病。任何年龄的鸡均可发生，尤以雏鸡多见。

[病因]

本病主要是由于采食过量的干硬谷物如玉米、高粱、大麦等以及异物，如金属叶、玻璃片、骨片等长期蓄积在嗉囊内而引起。此外，饲喂未经处理较长的干草、块根、硬壳饲料以及日粮配合不当，缺乏维生素和矿物质饲料等，均可引起本病。

[症状]

病鸡精神沉郁，倦怠无力，食欲减退或废绝，翅膀下垂，不愿活动。嗉囊膨大，触诊坚硬。嗉囊内充满坚硬的食物，长期不能消化。有时嗉囊内会产生气体，经口腔排出时，散发出腐败酸臭味。轻者影响食物的消化和吸收，生长发育迟缓。成年鸡产蛋率降低或停产。严重者，可导致腺胃、肌胃和十二指肠全部发生阻塞，使整个消化道处于麻痹状态。如不及时抢救，会造成嗉囊破裂或者穿孔，最后引起死亡。

[治疗]

本病治疗的关键是排除嗉囊内阻塞物。可根据阻塞程度不同，采用下述方法排除阻塞物。

1. 冲洗疗法

将温热的生理盐水或1.5％的碳酸氢钠溶液，用一种长嘴球形注射器，由喙部进入咽内，将其直接注入嗉囊内，致嗉囊膨胀为止。然后将头部向下，用手轻压嗉囊，将嗉囊内的积食混同洗液一起排出，重复几次，直至阻塞物排空为止。嗉囊排空后，投服油类泻剂和半片土霉素,休息半小时便可喂给少量易消化的饲料。

2. 手术疗法

嗉囊内积食坚硬,或由干草、羽毛等异物阻塞,应采用手术疗法。首先剔除嗉囊部位的羽毛,用温热生理盐水清洗,5%碘酒或75%酒精消毒,然后沿嗉囊底部切一1~2 cm切口,用镊子夹出嗉囊内的阻塞物,将温和的0.1%高锰酸钾或2%硼酸溶液灌入嗉囊内进行冲洗,投入半片土霉素,全层连续缝合嗉囊,撒布适量磺胺粉或青霉素粉,亦可涂布2%碘酊。术后隔离饲养,禁食、禁水12 h,12 h后自由饮水,少量、多次饲喂易消化的饲料,5~7 d后即可拆线。

[预防]

加强饲养管理,合理搭配日粮,饲喂方式、时间、数量要有规律,块根饲料必须切碎,并防止采食过长的饲料和过大的异物等,保证鸡群适时光照、合理运动和充足饮水。

任务五十四　初产蛋鸡水样腹泻

初产蛋鸡水样腹泻是由于过早使用蛋鸡产蛋高峰饲料或自配料,或为减少成本,在饲料中添加大量的米糠、麸皮,使饲料中粗纤维的含量过高而引起初产蛋鸡以腹泻为主要特征的疾病。

[病因]

初产蛋鸡过早使用蛋鸡产蛋高峰饲料或自配料,或为减少成本,在饲料中添加大量的米糠、麸皮,使饲料中粗纤维的含量过高是主要原因。另外,初产蛋鸡饲料中蛋白含量较高,杂粮含量高或豆粕过剩都可刺激肠道,引起腹泻。蛋鸡开始产蛋后代谢旺盛,饲料的更换更易刺激肠道,使肠道菌群失调,一些肠道有害菌成为优势菌群,引发腹泻。自配料的养鸡场和使用小型饲料加工厂生产的饲料更易诱发该病。目前现代化开放式鸡舍蛋鸡开产普遍较早,一般在120日龄前产蛋。一些养鸡场为了让鸡群尽快达到产蛋高峰,根本没有使用产蛋过渡饲料,而是见蛋后就供给蛋鸡高峰饲料。在这个阶段,鸡群有95%以上的鸡仍未开产,饲料中的钙质在鸡肠道内以50%~60%的吸收率吸收入血液。过量的钙质通过肾脏排泄,当超过鸡肾脏的排泄能力时,形成了尿酸盐沉积,这时肾脏将通过加快水的排泄来缓解肾脏的尿酸盐沉积。此时发生的水样粪便实际上是尿液聚集在泄殖腔与粪便混合后的排泄物。随着鸡性成熟后开始产蛋,钙的需求量增大,此症状才得以缓解。这一病理过程形成后,影响鸡的正常生产性能。

[症状]

发病日龄一般在120~150日龄之间,即蛋鸡开产初期,病程15~60 d。主要临床症状为口渴贪饮,水样腹泻并夹杂着部分未消化的饲料,固体成分较少,颜色正常。由于拉稀,肛门处羽毛潮湿,个别鸡精神沉郁,采食基本正常,蛋壳颜色正常,部分病鸡因过度脱水而死亡。当产蛋率上升至75%~80%时,拉稀症状逐渐减少。拉稀严重的鸡群产蛋达不到产蛋高峰,即使达到产蛋高峰,也难以维持很长时间。用抗生素和抗病毒药物治疗无效或暂时有效,停药后复发。

[治疗]

(1)提高雏鸡及育成年鸡的质量,达到品种要求,使鸡群开产整齐。按鸡的营养标准合理使用过渡饲料,适量控制饮水。

(2)在饲料中添加消化道抗菌药"磷钙诺克"(主要成分:游离恩诺、头孢菌素、磷霉素钙等),连用5~7 d。

(3)停药后,在饮水中添加"益生素"(乳酸杆菌为主的复合活菌群),2倍量饮水或拌料,连用3~5 d。

(4)发病鸡群应减少饲料中钙质的添加量,并在饲料中添加0.2%碳酸氢钠,在饮水中添加0.1%的维生素C,连续服用7~14 d。或在饲料或饮水中添加肾舒康,缓解肾脏负担,减少尿酸盐沉积,同时加强饲养管理和日常消毒工作,防止继发感染其他疾病。

[预防]

1. 饲料搭配合理

在育成后期(16周龄以后),饲料中粗纤维含量要适宜,不能添加米糠,麸皮的含量应控制在10%以内,可适当添加玉米。

2. 科学更换饲料

产蛋鸡群更换饲料时,要进行过渡饲喂,一般在3 d之内更换完毕,以防饲料中过高的石粉和蛋白质刺激肠道。

任务五十五　鸡肾病

鸡肾病是由多种病因引起的肾脏机能障碍的总称。主要表现为肾脏体积肿大、色泽苍白、出血和尿酸盐沉积。本病可发生于各种日龄的鸡,轻者使雏鸡生长受阻、成年鸡生长性能降低,重者导致大量死亡,给养鸡业造成严重经济损失。

[病因]

引起肾病的原因较多,一般可分传染因素、营养因素和药物及毒物因素三类。

1. 传染因素

包括病毒和寄生虫,前者常见的有肾型传染性支气管炎病毒、传染性法氏囊病毒、禽肾炎病毒和马立克氏病病毒。后者常见的有螺旋体和住白细胞原虫。这些传染因素均有很强的嗜肾性,感染肾细胞后,寄生在细胞内,对肾细胞和其功能均有破坏作用,使肾细胞失去过滤功能,导致大量尿酸盐沉积于肾脏或体内。

2. 营养因素

饲喂全价饲料,是鸡只生长发育和维持正常生产性能所必需的,饲料中某些营养成分过多或过少都会诱发肾病的发生。

3. 药物及毒素因素

磺胺类药物的中毒剂量很接近治疗剂量,如果用药不当,往往会发生磺胺中毒,并在肾内形成结晶,影响肾脏的机能。此外,庆大霉素、卡那霉素、呋喃类和喹乙醇等都是通过肾进行代谢的,是一种潜在的毒性物质,使用不当会损害肾脏。霉菌和植物毒素污染的饲料亦可引起中毒,如桔霉素、赫曲霉素和卵孢霉素都具有肾毒性,并引起肾功能的改变。

[症状]

病鸡精神萎靡,羽毛蓬松,低头嗜睡,排白色或水样稀粪,肛门周围被粪便污染。鸡体消瘦,雏鸡生长发育缓慢,成年鸡产蛋率降低,畸形蛋增多,蛋清似水样。

不同病因导致的肾病各有其致病特点,并表现出特有的症状。肾型支气管炎病毒引起的肾病,病程较长,虽发病率不高,但发病者多数以死亡告终。传染性法氏囊病引起的肾病,病程短,发病率高,死亡率亦高。患肾病的鸡,虽肾脏遭到了严重破坏,但临床症状不一定明显,一旦出现全身症状,很快死亡。

[治疗]

本病应采取标本兼治的方法,在对因治疗的同时,还应对症治疗。因为本病常常因多种因素共同作用所致。因此,治疗时要全面考虑,才能达到理想的治疗效果。

1. 促进尿酸盐排除,抑制尿酸形成

目前治疗鸡肾病的药物较多,如肾肿解毒、肾肿灵、肾宝、肾肿消和禽肾泰等,还有一些中药制剂,如肾炎康、呼肾通等,这些药物对调节电解质平衡起到了一定作用,但这些药物是一些无机盐和利尿药物复方制剂,其机制是通过无机盐碱化尿液,利用酸碱中和理论,使尿酸形成尿酸盐,提高其溶解度,并通过利尿作用,加速其排出。

日粮中含添加硫酸铵、氯化铵、DL-蛋氨酸、2-羟-4-甲基丁酸能使尿液酸化,减轻尿酸盐诱发肾损伤。日粮中添加氯化铵量不超过 10 kg/t、硫酸铵不超过 5 kg/t、DL-蛋氨酸不超过 6 kg/t、2-羟-4-甲基丁酸不超过 6 kg/t。使用氯化铵时,可出现拉稀现象,而其他药物则无此副作用。用药见效后、在停药前,应逐渐减少用量。另外,在单纯由蛋白含量过高引起的痛风病例中,可以使用丙黄舒、秋水仙素等药物,以抑制尿酸形成,并促进其排除。

2. 防止继发感染

本病的主要病因之一是由传染因素引起,另外患肾病时,常可以引起继发感染,因此在促进尿酸盐排除的同时,联用一些抗病毒、消炎、驱虫及防止继发感染的药物是非常必要的。但应遵循一个原则,即在用药时,一定选用副作用小,对肾脏损伤小的药物,同时要掌握好剂量,切忌大剂量或超剂量用药。抗生素可以选用毒性低的喹诺酮类,抗病毒可以选用病毒唑及一些抗病毒中草药制剂,驱虫药应视具体情况而定。

3. 保护肾功能,调节离子平衡

可在饲料中适当增加维生素 A 含量,以维持肾小管上皮细胞的完整性,保护肾脏的过滤作用。另外,还可以适当增加钾离子含量,以协调各种离子的平衡。

[预防]

饲喂全价饲料,作好传染病的预防和免疫接种工作,防止混合感染其他疾病,避免滥用药物,在一定程度上可预防鸡肾病的发生。

任务五十六　脱肛

脱肛是由于各种原因导致的禽泄殖腔脱出不能缩回的疾病。多发于产蛋母鸡和雏鸡。

[病因]

(1)高产母鸡因营养水平高,产蛋过多,输卵管内油脂分泌不足,产大蛋和双黄蛋,造成产蛋困难,努责增强,时间长久导致脱肛。

(2)鸡只过肥,耻骨间或下腹部脂肪沉积过多,引起产道狭窄,母鸡产蛋时强烈努责,引起脱肛。

(3)鸡后躯风湿、腹腔肿瘤等引起腹内压升高,引发脱肛。

(4)饲料中维生素 A、维生素 B_2、维生素 D_3 等缺乏时,使泄殖腔黏膜角质化和弹性降低,造成产道不通畅,产蛋时用力努责,诱发脱肛。

(5)母鸡产蛋后在泄殖腔尚未复原时,突然受到惊吓,跳出产箱,影响了泄殖腔的收缩和复原,诱发本病。

(6)由大肠杆菌、沙门氏菌或其他因素等引起输卵管炎和泄殖腔炎,形成慢性刺激,造成异常努责,造成脱肛。

[症状]

发病初期,病鸡产蛋停止,肛门周围羽毛湿润,有时流出黄白色黏液,随后即从肛门内脱出 3～4 cm 长的一段充血、潮红的泄殖腔,病鸡疼痛不安,时间稍久者,脱出部分的颜色由枣红色变为暗红色。病鸡神态不安,食欲减少,若不及时处理,很容易引起炎性水肿、溃疡坏死,脱出部分被鸡群啄食或因感染而导致败血症,最后死亡。

[防治]

(1)发现病鸡后要及早隔离,单独饲喂。治疗时先将病鸡泄殖腔周围羽毛剪去,用0.1%高锰酸钾清洗消毒外翻的泄殖腔,再用手将脱出部分缓缓送入体内,使泄殖腔还原、复位。若外翻的泄殖腔已发炎坏死,应将坏死部分清除,涂上紫药水并撒上适量的抗菌消炎药物,再轻轻送入体内。对于病情较重的鸡只,为防止再次脱出,应在整复后进行局部麻醉,沿肛门括约肌周围做袋口缝合。缝合前,如果泄殖腔内有待产蛋应取出再缝合,缝合后留排粪孔。将病鸡置于阴凉、通风处休息,禁食 1～2 d,保证充足饮水,3～5 d 后拆线。

(2)为了预防本病,应加强蛋鸡的饲养管理,合理搭配饲料,保证各种维生素的供应,要严格控制光照时间和强度,避免光刺激过强而引发本病,同时鸡只要加强运动,适度光照,防止鸡群受到惊吓。开产蛋鸡应注意控制体重,防止过肥。

任务五十七　肉鸡肠毒综合征

肉鸡肠毒综合征又称肉鸡消化不良综合征、消化障碍综合征、复合型肠炎,是商品肉鸡群中普遍存在的一种以腹泻、粪便中含有未消化的饲料、采食量明显下降、生长缓慢或体重减轻、脱水和饲料报酬下降为特征的疾病。该病发病范围广,发展速度快,虽然死亡率不高,但造成的隐性经济损失巨大。

[发病特点]

6月中旬至 9 月末是该病的高发季节,且多发于 20～40 日龄的肉鸡,其他日龄的鸡也可以发生,但发病率低。一般来讲,无论是地面平养还是网上平养的商品肉鸡都有发生,地面平养的肉鸡发病时间较早,网上平养的肉鸡发病时间较晚;养殖密度过大,湿度过大,通风不良,卫生条件差的鸡群多发,症状也较重,治疗效果较差;饲喂含优质蛋白质、能量、维生素等营养全面的优质饲料的鸡,发病率较高,症状也较严重。该病易与球虫病同时或先后发生。

[病因]

1. 传染性因素

(1)病毒感染　呼肠孤病毒、轮状病毒等都可成为肠道肠毒综合征发生的诱因,这些病毒引起肠道炎症,损害肠道黏膜,影响其吸收功能。

(2)细菌感染 如沙门氏菌、产气荚膜梭菌等,刺激肠道黏膜,引发肠道炎症,产生大量炎性渗出物,使肠蠕动加快,饲料在消化道停留时间缩短,导致消化不良。

(3)寄生虫感染 寄生虫也是引起肠道肠毒综合征的重要原因,较常见的是鸡球虫,小肠球虫主要寄生于肠黏膜上皮细胞中,当其大量生长繁殖时,必然导致肠黏膜增厚、水肿、严重脱落及出血等病变,使饲料几乎完全不能被消化吸收,同时对水分的吸收也显著减少,所以发病鸡群所排的粪便很稀薄且不成形,且含有未被消化的饲料。

2. 非致病性因素

(1)各类毒素的影响 由于季节突变,更换饲料,病原微生物感染等因素引起肠道菌群失调,产生大量乳酸,使肠道内 pH 降低,肠道内环境改变,有益菌减少,有害菌大量繁殖,又由于此时肠道处于厌氧环境,魏氏梭菌、肠毒梭菌等厌氧菌大量繁殖,有害菌与球虫共同作用而加强了致病性,同时产生大量毒素,这些毒素发生腐败、分解,崩解后释放出大量的有害物质,被机体吸收后发生自体中毒,从而在临床上出现先兴奋后昏迷、衰竭、死亡的情况。

(2)饲料因素 饲料中大量的能量、蛋白质和部分维生素能促进细菌与球虫大量繁殖,加重症状,所以营养越丰富的鸡发病率越高,症状也越严重。另外,霉变饲料也能加重病情。

(3)其他因素 长期滥用药物,导致机体药物中毒,使药物对肠道黏膜造成损伤,引发肠炎。各类应激因素也是诱发该病的原因之一。

[症状]

发病初期,鸡群一般无明显症状,精神、食欲基本正常。病鸡排出稀薄、不成形的鱼肠样粪便,粪便中含有少量未消化的饲料。随着病情的发展,腹泻加剧,粪便更稀薄、水泻,呈浅黄或黄绿色,粪便中混有较多未消化饲料。2~3 d 后,食欲逐渐减退,共济失调,肌肉震颤,甚至瘫痪。有些病鸡神经症状明显,如蹦高、"吱吱"尖叫、瘫痪、挣扎痛苦而死亡。呈慢性经过的病鸡冠白、爪白、瘦弱、排胡萝卜色及西红柿色粪便。

[剖检变化]

剖检可见腺胃轻微肿大,乳头凸出,轻刮有白色浆液性渗出物,十二指肠、空肠段卵黄蒂之前的部分黏膜增厚,颜色变浅,呈灰白色,易剥离。初期有的肠腔内没有内容物,后期肠壁变薄,黏膜脱落,肠内含有淡黄色黏液或白色脓样物,有的内容物为尚未消化的饲料,泄殖腔附有石膏色稀粪。严重者肠黏膜几乎完全脱落、崩解,肠壁变薄,肠黏稠脓样内容物呈血色蛋清样或柿子样,其他脏器未见明显病理变化。

[治疗]

针对不同发病原因,按照对症、对因治疗的原则,可选用抗球虫、抗细菌药物和对症治疗药物进行综合治疗。

(1)加强饲养管理,控制环境温、湿度,选择质量好、配方合理的全价饲料,同时注意维生素的添加等措施消除病因。

(2)按照多病因的治疗原则,采用抗球虫、抗菌、调节肠道内环境、补充部分电解质和部分维生素的复合治疗措施。如磺胺氯吡嗪钠和强力维他饮水,痢必治拌料,连用 3~5 d;或用抗球虫药物拌料,复方青霉素钠和氨基维他饮水,连用 3~5 d。症状严重的须加葡萄糖和维生素 C,以促进解毒、排毒。

[预防]

1. 严格消毒

进鸡前鸡舍用火碱、甲醛消毒。育雏阶段定期带鸡消毒,对发病的鸡群坚持消毒,1次/d。

2. 加强饲养管理

注意控制鸡舍温、湿度,降低养殖密度,加强通风、适当限饲,适度光照,保证充足饮水。

3. 及早防治球虫

建议在 10 日龄前投喂球虫药,如盐霉素或地克珠利。

4. 切忌滥用药物

为了避免肠道菌群失调,使肠黏膜受损,可在肉鸡饲养的后期于饲料中添加益生素,用于增强肠道的消化功能。

【案例分析】

分析以下案例,根据病史、临床症状及实验室诊断,提出初步诊断,制定防治措施。

病例 1 某肉鸡场饲养的肉鸡,40 日龄,近期食欲减退,精神委顿,饮水增加,羽毛松乱,鸡冠苍白,呆立,排石灰水样粪便。剖检肾脏肿大、色苍白,表面有白色花纹(花斑肾)。其内充满石灰样沉淀物。

病例 2 某肉鸡场饲养的肉鸡,40 日龄,近期部分鸡只精神沉郁,食欲减退,不愿活动、常斜卧,腹部皮肤发红,皮肤血管充血,羽毛粗乱无光泽,生长迟滞,呼吸困难,心跳加快,冠皱缩,严重时发绀,体温正常。患鸡走路呈企鹅状,下腹部明显膨大,状如水袋,触诊有波动感。腹腔穿刺流出透明清亮液体或淡黄色液体,有时混有少量血细胞,或纤维蛋白凝块。

病例 3 某肉鸡场饲养的肉鸡,个别体况极佳的鸡喜卧、腹下软绵下垂,无前驱症状而突然死亡。剖检体腔内有血凝块或肝脏被膜下有血凝块。

病例 4 10 月份,某鸡场见中午天气很好,便进行了较长时间的通风,同时进行了垫料,第二天早上发现鸡群聚堆,大群出现"甩鼻音",食欲降低,饮水稍增加。

病例 5 5 000 只 30 日龄的肉鸡,2 d 前天气突然降温后发病,主要表现为腹部膨大、着地,严重病例鸡冠和肉髯呈红色,剖检发现腹腔中有大量积液,实验室检查未分离到致病菌。

病例 6 肉鸡突然出现腹部膨大,腹部皮肤变薄发亮,站立时腹部着地,大批死亡。病理学检查发现腹腔内潴留大量积液,右心扩张,肺充血水肿,肝脏病变。

【知识拓展】

禽的尸体剖检技术

1. 致死

采用脱颈法或颈部放血致死。

2. 了解一般状况

主要了解家禽的种别、性别、年龄等,还要了解禽群的饲养管理状况,发病情况及病禽状况、死亡数等。

3. 剖检

见视频 3-5。

(1) 外部检查

① 问诊 了解发病、死亡、表现症状、治疗及饲养管理等情况。

② 临床检查 如果选作剖检的是病鸡或濒临死亡的鸡，在

视频 3-5 鸡的尸体剖检

宰杀前先作临床检查。先观察全身羽毛的状况，是否光泽，有
无污染、蓬乱、脱毛等现象；泄殖腔周围的羽毛有无粪便污染；
皮肤有无肿胀；关节及脚趾有无脓肿或其他异常。检查冠、肉垂和面部的颜色、厚度、有无痘
疹等。压挤鼻孔和鼻窝下窦，观察有无液体流出，口腔有无黏液。检查两眼虹膜的颜色。最
后触摸腹部有无变软或积有液体。同时宰前要采取血液以备检查。剖检鸡的外部检查与疾
病的对应关系见表 3-1。

表 3-1 剖检病理变化与疾病诊断

剖检内容	病理变化	疾病诊断
一般情况	动物消瘦 动物肥胖 腹部膨大	慢性消耗性疾病或营养不良 急性死亡或肥胖症 腹水或动物腐败，肝脏肿瘤
头面部	头部皮肤苍白色 青紫或暗红色 头部皮肤有痘疹或结痂 头颈部水肿 肉髯肿胀或坏死 鸡冠发育不良或萎缩	卡氏白虫病、营养不良、慢性消耗性疾病、肝破裂 盲肠肝炎、心肺疾病 鸡痘、冠癣 绿脓杆菌病 慢性鸡霍乱、传染性鼻炎、禽流感 鸡马立克氏病、白血病、慢性沙门氏菌病
眼	眼睑肿胀，眼有干酪样渗出物 虹膜褪色，瞳孔缩小或不规则	传染性鼻炎、鸡痘、败血霉形体病、维生素 A 缺乏症 鸡马立克氏病
口鼻	鼻孔有炎性分泌物 咽喉黏膜干酪样假膜 咽喉黏膜白色针尖状小结节	传染性鼻炎、传染性支气管炎 白喉型鸡痘 维生素 A 缺乏症
肛门	肛门炎症、坏死、结痂、出血 肛门周围羽毛有乳白色、石灰样、绿色或红色粪便污染	泄殖腔炎、啄肛、脱肛 依次是白痢、法氏囊病、新城疫和球虫病
皮肤	皮肤水肿、溃烂 胸部皮下水肿、化脓 皮肤上有肿瘤	葡萄球菌病、维生素 A-硒缺乏症 胸部囊肿 鸡马立克氏病

(2) 内部检查 剖检前最好用水或消毒液将尸体表面及羽毛浸湿，以防剖检时有绒毛和
尘埃飞扬。将尸体仰卧(即背位)放在陶瓷盘内或垫纸上用力掰开两腿，使髋关节脱位，拔掉
颈、胸、腹正中部的羽毛(不拔也可)，在胸骨嵴部纵行切开皮肤，然后向前、后延伸至喙角和
肛门，向两侧剥离颈，胸、腹部皮肤。观察皮下有无充血、出血、水肿、坏死等病变，注意胸部
肌肉的丰满程度、颜色，有无出血、坏死，观察龙骨是否变形、弯曲。在颈椎两侧寻找并观察
胸腺的大小及颜色，有无小的出血、坏死点。检查素囊是否充盈食物，内容物的数量及性状。
腹围大小，腹壁的颜色等。

在后腹部，将腹壁横行切开。顺切口的两侧分别向前剪断胸肋骨(注意不要剪破肝和

肺)、喙骨及锁骨,最后把整个胸壁翻向头部,使整个胸腔和腹腔器官都清楚地显露出来。

如进行细菌分离,应采用无菌技术打开胸、腹腔,进行分离接种。

体腔打开后,注意观察各脏器的位置、颜色、浆膜的状况,体腔内有无液体,各脏器之间有无粘连。然后再分别取出各个内脏器官,方法是:可先将心脏连心包一起剪离,再取出肝。在食管末端将其切断,将胃肠道、胰、脾一同取出,方法是:向后牵拉腺胃,边牵拉边剪断胃肠与背部的联系,然后在泄殖腔前切断直肠(或连同泄殖腔一同取出),即可取出胃肠道。在分离肠系膜时,要注意肠系膜是否光滑,有无肿瘤,在胃肠采出时,注意检查在泄殖腔背侧的腔上囊(原位检查或采出)。

气囊在禽类分布很广,胸腔、腹腔皆有,在体腔打开、内脏器官采取过程中,随时注意检查,主要是看气囊的厚薄,有无渗出物,霉斑等。

嵌藏于肋间隙内及腰荐骨凹陷处的肺和肾,可用外科刀柄或手术剪剥离取出。取出肾脏时,要注意输尿管的检查。肺和肾也可在原位检查。

卵巢可在原位检查,注意其大小、形状、颜色(注意和同日龄鸡比较),卵黄发育状况或病变。输卵管位于左侧,右侧已退化,只见一水泡样结构,输卵管检查可在原位进行。睾丸检查可在原位进行,注意其大小、颜色,二者是否一致。

口腔、颈部器官检查,剪开一侧口角,观察后鼻孔、腭裂及喉口有无分泌物堵塞、口腔黏膜有无伪膜。再剪开喉头、气管、食道及嗉囊,观察管腔及黏膜的性状,有无渗出物、渗出物的性状、黏膜的颜色,有无出血、伪膜等,注意嗉囊内容物的数量、性状及内膜的变化。

脑的采出,可先用刀剥离头部皮肤,再剪除颅顶骨(大鸡用骨剪或普通剪,小鸡用手术剪),即可露出大脑和小脑,将头顶部朝下,剪断脑下部神经,将脑取出。

外周神经检查,在大腿内侧,剥离内收肌,即可暴露坐骨神经;在脊椎的两侧,仔细地将肾脏剔除,露出腰荐神经丛。对比观察两侧神经的粗细、横纹及色彩、光滑度。

由于鹅、鸭与鸡的解剖结构相似,并且所患的许多疾病也相似,所以鹅与鸭的尸体剖检可参照鸡的进行。所不同的是,鹅、鸭有两对淋巴结,一对颈胸淋巴结位于颈的基部,紧贴颈静脉,呈纺锤形;另一对为腰淋巴结,位于腹部主动脉两侧,呈长圆形。剖检时要注意检查。

禽剖检的初步诊断对照见表 3-2。

表 3-2　禽剖检的初步诊断对照

	剖检病变	疑似疾病	确定诊断的参考症状
神经	小脑出血 末梢神经增粗	脑软化症 马立克氏病	20～40 日龄多发,有神经症状 坐骨神经、翼神经等增粗,两爪不对称麻痹,颈弯曲
上呼吸道	鼻腔、眶下窦黏液增多	传染性鼻炎 败血霉形体	充满渗出物 黏液和干酪样渗出物多,气囊炎
	气管黏膜有奶油状或干酪样渗出物	传染性喉气管炎 新城疫	渗出物中混有血液,大部分呈白色 严重呼吸症状见此病变,胃肠特定部位出血、溃疡
	气管内黏液增多,管壁增厚	新城疫 传染性支气管炎 传染性鼻炎 败血霉形体	严重呼吸症状见此病变,胃肠特定部位出血、溃疡 喘鸣,奇鸣,下痢,产蛋率下降 面颊浮肿,鼻汁流出 面颊肿胀形成结痂,有少量鼻液,气囊炎

	剖检病变	疑似疾病	确定诊断的参考症状
下呼吸道	支气管肥厚,管腔被渗出物阻塞,肺炎	鸡痘(黏膜型) 败血霉形体 真菌性肺炎	喉、气管黏膜有水泡样隆起 流鼻汁,面颊肿胀硬结,气囊炎 肺和气囊有黄绿色或灰白色结节
	肺脏散在白色病灶	真菌性肺炎 雏白痢	肺和气囊有黄绿色或灰白色结节,病灶中心有干酪样凝块 2 周至 2 个月内出现病灶,切面一致白色;脏器表面均有白色隆起,肝散在白色坏死点
	肺脏有大小不等的透明感病灶	淋巴白血病 马立克氏病 劳斯氏肉瘤 鸡结核	其他器官亦有同样病变 2 月龄以上鸡出现此病灶,其他器官亦有同样病变 肿瘤中多含有黏液,翼下、胸部多发 需组织学检查
消化道	食管、嗉囊散在结节	维生素 A 缺乏症	瞬膜角化,肾尿酸盐沉着,治疗法诊断效果明显
	腺胃胃壁肥厚呈气球状	马立克氏病	末梢神经肿胀,内脏器官肿瘤
	腺胃黏膜乳头出血、溃疡	新城疫 法氏囊病 禽流感	呼吸及神经症状,肠特定部位出血、溃疡 法氏囊出血坏死,腿部及胸部肌肉出血 传播快,死亡率高,心、肾、脾有坏死灶,颜面水肿,肉冠出血、坏死
	肠管特定部位出血、溃疡	新城疫	神经和呼吸症状,腺胃乳头出血
	胃肠浆膜面散在白色隆起	雏白痢 马立克氏病及淋巴白血病其他肿瘤	2 周龄至 2 月龄病雏可见胃、肠、心脏浆膜面有界限不明的白色隆起,肝有坏死点 2~8 月龄鸡内脏出现白色肿瘤 平滑肌瘤,纤维瘤,卵巢、胰等的转移性腺癌
	小肠黏膜有小白点、小红点或白色花纹	慢性小肠球虫病	小肠前半部增生、肥厚,变成灰白色,刮取黏膜压片镜检可见虫体
	小肠充满血液 盲肠内显著出血 盲肠黏膜溃疡	急性小肠球虫病 急性盲肠球虫病 黑头病	小肠前半部出血,刮取黏膜压片镜检可见虫体 盲肠内有血样内容物,或流动状或凝固状,刮取黏膜压片镜检可见虫体 盲肠不规则肥大,内容物为豆渣样,混有血液,肝表面见菊花状坏死灶
肝脏	肝显著肿大	马立克氏病,淋巴白血病 肝硬变	其他内脏有白色肿瘤,二者鉴别需组织学检查 肝表面有凹凸不平和白色花纹
	肝脏出现白色点状病灶	马立克氏病,淋巴白血病 黑头病 结核 雏白痢 禽霍乱 尿酸盐沉着症	白色肿瘤结节界限不明,切面细致呈白色菊花状、纽扣状、血状坏死灶,切面中心为白垩状,盲肠必发坏死性炎症 结节切面为均质黄色干酪样坏死 肝表面白色坏死点,心外膜、肠管、浆膜有白色隆起 传播迅速,死亡率高,心冠脂肪出血,小肠前半段有出血斑 内脏表面沉着多量白色石灰样物质

项目三 其他内科病

剖检病变	疑似疾病	确定诊断的参考症状
肝包膜肥厚,包膜上附着渗出物	大肠杆菌病 黑头病 肝硬变	肝包膜炎、心包炎、腹膜炎 肝表面有纤维素渗出,同时盲肠必然有病变 肝表面凹凸不平,间质增宽呈白色网格状
肝肿大,包膜有出血斑点	包涵体肝炎 白冠病	肝肿大,棕黄色,包膜有出血点 恢复期脾脏肿大
心冠脂肪点状出血	新城疫 禽流感 禽霍乱	消化道特定部位出血、溃疡,脾出现白色点状病灶 面部水肿,鸡冠出血坏死 肝有坏死点,小肠前段出血
心脏表面有白色隆起	雏白痢 马立克氏病,淋巴 白血病	肛门周围有白色污染,浆膜面有白色肉芽肿,肝有坏死点 其他内脏有白色肿瘤结节
心脏表面和心包浑浊、肥厚	雏白痢 大肠杆菌病 鸡霉形体病 尿酸盐沉着症	肛门周围有白色污染,浆膜面有白色肉芽肿,肝有坏死点 肝包膜炎、心包炎、肠管表面浑浊 气囊肥厚并有干酪样物 内脏表面沉着多量白色石灰样物质
脾肿大色变淡	马立克氏病,淋巴 白血病 白冠病	其他内脏器官有结节状肿瘤 恢复期脾脏肿大
脾出现白色结节	马立克氏病,淋巴 白血病结核	其他内脏器官有结节状肿瘤 结节为干酪样坏死
腹水	腹水症 大肠杆菌病	腹水属漏出液,因心肺机能衰竭引起 腹水为炎症性渗出液,内脏器官有纤维素包膜
腹腔浆膜及内脏器官表面有石灰物质沉着	痛风	肾脏和输尿管同样有石灰样物沉着
胸腹膜及内脏器官表淡黄色黏稠物,器官粘连	卵黄性腹膜炎	多种急性传染病的病变
肌肉有白色条纹状病变	维生素 E-硒缺乏症 马立克氏病	有神经症状,小脑有出血、坏死 内脏器官有肿瘤病变
胸部及腿部肌肉出血	法氏囊病 包涵体肝炎	法氏囊有炎性渗出物、坏死、出血等 肝变性肿胀,被膜下斑状出血
骨骼变形	佝偻病 骨质粗大症	龙骨弯曲,骨骼变软,肋骨有小珍珠状物,钙磷缺乏 关节肿大,腿骨短粗,弓形腿,腿滑脱,微量元素缺乏
关节肿胀内有渗出物	细菌性关节炎 霉形体病 关节痛风 足底脓肿	葡萄球菌病,沙门氏菌病,大肠杆菌病等引起 关节内有乳白色渗出物关节内有石灰样物 切开内有脓汁

(左侧竖排)禽内科病

心脏 脾脏 腹腔 肌肉 骨和关节

【考核评价】

初产蛋鸡水样腹泻的诊断与防治

一、考核题目

某鸡场刚进入初产期的 4～5 月龄蛋鸡,近日,逐渐出现口渴贪饮,水样腹泻,混有未消化的饲料,病鸡精神沉郁,产蛋率下降,蛋壳颜色正常,发病鸡群部分已因脱水而死亡。用抗生素、抗病毒药物治疗效果不佳。

请根据该鸡场的发病情况及临床症状,制定出合理的诊断方法、防治措施。

二、考核标准

1. 临床诊断

根据材料提供的临床症状,如初产蛋鸡,口渴贪饮,水样腹泻,混有未消化的饲料,病鸡精神沉郁,产蛋率下降等症状可初步确定为鸡以腹泻为症状的疾病。

2. 实验室诊断

(1)采取病鸡心血、肝脏、脾脏涂片,进行革兰氏染色,镜检未见致病菌。

(2)无菌操作取上述病料分别接种于普通肉汤、麦康凯培养基,37℃恒温培养 24h,细菌检查呈阴性。

(3)饲料中食盐检验为 0.3%,水质化验结果符合饮用水标准。

由实验室检查结果,可排除传染病、中毒病,结合临床症状,可诊断为初产蛋鸡水样腹泻。

3. 防治措施

(1)已发病鸡群,在饲料中添加消化道抗菌药"磷钙诺克",连用 5～7 d。

(2)停药后,全鸡群在饮水中添加"益生素"(乳酸杆菌为主的复合活菌群),2 倍量饮水或拌料,连用 3～5 d。

(3)在发病鸡群饲料中添加 0.2%碳酸氢钠,在饮水中添加 0.1%的维生素 C,连续服用 7～14 d。

(4)按鸡的营养标准合理使用过渡饲料,适量控制饮水。提高雏鸡及育成年鸡的质量,达到品种要求,使鸡群开产整齐。

【知识链接】

1. DB21/T 2214—2013,种畜禽场动物防疫技术规范,辽宁省质量技术监督局,2014-01-12。

2. DB21/T 2216—2013,商品畜禽场动物防疫技术规程,辽宁省质量技术监督局,2014-01-12。

3. DB21/T 2312—2014,畜禽养殖场用药技术规范,辽宁省质量技术监督局,2014-08-27。

项目三 其他内科病

4. DB21/T 2466—2015,禽流感病毒免疫层析(胶体金)检测方法,辽宁省质量技术监督局,2015-06-30。

5. DB45/T 1095—2014,禽肺炎病毒的检测 反转录聚合酶链反应法,广西壮族自治区质量技,2014-11-25。

6. DB45/T 670—2010,聚合酶链反应检测禽Ⅰ型腺病毒的技术操作规程,广西壮族自治区质量技术监督局,2010-06-28。

7. DB45/T 751—2011,地方鸡品种禽白血病净化技术操作规程,广西壮族自治区质量技术监督局,2011-10-20。

8. DB51/T 1104—2010,畜禽防疫档案管理技术规范,四川省质量技术监督局,2010-07-01。

9. DB51/T 1473—2012,高致病性禽流感定点流行病学调查规范,四川省质量技术监督局,2012-12-01。

10. DB62/T 2464—2014,清真畜禽养殖生产准则,甘肃省质量技术监督局,2014-07-01。

11. DB62/T 2465—2014,清真畜禽水产饲料生产准则,甘肃省质量技术监督局,2014-07-01。

12. DB63/T 758—2008,家禽(鸡)养殖小区防疫技术规范,青海省质量技术监督局,2009-01-24。

13. GB 16549—1996,畜禽产地检疫规范,国家技术监督局,1997-02-01。

14. GB 16567—1996,种畜禽调运检疫技术规范,国家技术监督局,1997-02-01。

15. GB/T 16569—1996,畜禽产品消毒规范,国家技术监督局,1997-02-01。

16. http://www.qinbing.cn/,中国禽病网。

附　录

附录Ⅰ 饲料添加剂品种目录(2013)

(农业部公告第 2045 号)

为加强对饲料添加剂的管理,保障饲料和养殖产品质量安全,促进饲料工业持续健康发展,根据《饲料和饲料添加剂管理条例》,现公布《饲料添加剂品种目录(2013)》(以下简称《目录(2013)》),并就有关事宜公告如下。

一、《目录(2013)》是在《饲料添加剂品种目录(2008)》(以下简称《目录(2008)》)的基础上修订的,增加了部分实际生产中需要且公认安全的饲料添加剂品种(或来源);删除了缩二脲和叶黄素;将麦芽糊精、酿酒酵母培养物、酿酒酵母提取物、酿酒酵母细胞壁 4 个品种移至《饲料原料目录》;对部分品种的适用范围以及部分饲料添加剂类别名称进行了修订;将 20 个保护期满的新产品品种正式纳入《附录一》,将《目录(2008)》发布之后获得饲料和饲料添加剂新产品证书的 7 个产品纳入《附录二》。

二、《目录(2013)》由《附录一》和《附录二》两部分组成。凡生产、经营和使用的营养性饲料添加剂和一般饲料添加剂,均应属于《目录(2013)》中规定的品种。凡《目录(2013)》外的物质拟作为饲料添加剂使用,应按照《新饲料和新饲料添加剂管理办法》的有关规定,申请并获得新产品证书。

三、饲料添加剂的生产企业需办理生产许可证和产品批准文号。其中《附录二》中的饲料添加剂品种仅允许所列申请单位或其授权的单位生产。

四、生产源于转基因动植物、微生物的饲料添加剂,以及含有转基因产品成分的饲料添加剂,应按照《农业转基因生物安全管理条例》的有关规定进行安全评价,获得农业转基因生物安全证书后,再按照《新饲料和新饲料添加剂管理办法》的有关规定进行评审。

五、本公告自 2014 年 2 月 1 日起施行。2008 年 12 月 11 日公布的《饲料添加剂品种目录(2008)》(农业部公告第 1126 号)同时废止。

附表 1-1　饲料添加剂品种目录(2013)

类别	通用名称	适用范围
氨基酸、氨基酸盐及其类似物	L-赖氨酸、液体 L-赖氨酸(L-赖氨酸含量不低于 50%)、L-赖氨酸盐酸盐、L-赖氨酸硫酸盐及其发酵副产物(产自谷氨酸棒杆菌、乳糖发酵短杆菌,L-赖氨酸含量不低于 51%)、DL-蛋氨酸、L-苏氨酸、L-色氨酸、L-精氨酸、L-精氨酸盐酸盐、甘氨酸、L-酪氨酸、L-丙氨酸、天(门)冬氨酸、L-亮氨酸、异亮氨酸、L-脯氨酸、苯丙氨酸、丝氨酸、L-半胱氨酸、L-组氨酸、谷氨酸、谷氨酰胺、缬氨酸、胱氨酸、牛磺酸	养殖动物
	半胱氨盐酸盐	畜禽
	蛋氨酸羟基类似物、蛋氨酸羟基类似物钙盐	猪、鸡、牛和水产养殖动物
	N-羟甲基蛋氨酸钙	反刍动物
	α-环丙氨酸	鸡

类别	通用名称	适用范围
维生素及类维生素	维生素 A、维生素 A 乙酸酯、维生素 A 棕榈酸酯、β-胡萝卜素、盐酸硫胺(维生素 B_1)、硝酸硫胺(维生素 B_1)、核黄素(维生素 B_2)、盐酸吡哆醇(维生素 B_6)、氰钴胺(维生素 B_{12})、L-抗坏血酸(维生素 C)、L-抗坏血酸钙、L-抗坏血酸钠、L-抗坏血酸-2-磷酸酯、L-抗坏血酸-6-棕榈酸酯、维生素 D_2、维生素 D_3、天然维生素 E、DL-α-生育酚、DL-α-生育酚乙酸酯、亚硫酸氢钠甲萘醌(维生素 K_3)、二甲基嘧啶醇亚硫酸甲萘醌、亚硫酸氢烟酰胺甲萘醌、烟酸、烟酰胺、D-泛醇、D-泛酸钙、DL-泛酸钙、叶酸、D-生物素、氯化胆碱、肌醇、L-肉碱、L-肉碱盐酸盐、甜菜碱、甜菜碱盐酸盐	养殖动物
	25-羟基胆钙化醇(25-羟基维生素 D_3)	猪、家禽
	L-肉碱酒石酸盐	宠物
矿物元素及其络(螯)合物[1]	氯化钠、硫酸钠、磷酸二氢钠、磷酸氢二钠、磷酸二氢钾、磷酸氢二钾、轻质碳酸钙、氯化钙、磷酸氢钙、磷酸二氢钙、磷酸三钙、乳酸钙、葡萄糖酸钙、硫酸镁、氧化镁、氯化镁、柠檬酸亚铁、富马酸亚铁、乳酸亚铁、硫酸亚铁、氯化亚铁、氯化铁、碳酸亚铁、氯化铜、硫酸铜、碱式氯化铜、氧化锌、氯化锌、碳酸锌、硫酸锌、乙酸锌、碱式氯化锌、氯化锰、氧化锰、硫酸锰、碳酸锰、磷酸氢锰、碘化钾、碘化钠、碘酸钾、碘酸钙、氯化钴、乙酸钴、硫酸钴、亚硒酸钠、钼酸钠、蛋氨酸铜络(螯)合物、蛋氨酸铁络(螯)合物、蛋氨酸锰络(螯)合物、蛋氨酸锌络(螯)合物、赖氨酸铜络(螯)合物、赖氨酸锌络(螯)合物、甘氨酸铜络(螯)合物、甘氨酸铁络(螯)合物、酵母铜、酵母铁、酵母锰、酵母硒、氨基酸铜络合物(氨基酸来源于水解植物蛋白)、氨基酸铁络合物(氨基酸来源于水解植物蛋白)、氨基酸锰络合物(氨基酸来源于水解植物蛋白)、氨基酸锌络合物(氨基酸来源于水解植物蛋白)	养殖动物
	蛋白铜、蛋白铁、蛋白锌、蛋白锰	养殖动物(反刍动物除外)
	羟基蛋氨酸类似物络(螯)合锌、羟基蛋氨酸类似物络(螯)合锰、羟基蛋氨酸类似物络(螯)合铜	奶牛、肉牛、家禽和猪
	烟酸铬、酵母铬、蛋氨酸铬、吡啶甲酸铬	猪
	丙酸铬、甘氨酸锌	猪
	丙酸锌	猪、牛和家禽
	硫酸钾、三氧化二铁、氧化铜	反刍动物
	碳酸钴	反刍动物、猫、狗
	稀土(铈和镧)壳糖胺螯合盐	畜禽、鱼和虾
	乳酸锌(α-羟基丙酸锌)	生长育肥猪、家禽
酶制剂[2]	淀粉酶(产自黑曲霉、解淀粉芽孢杆菌、地衣芽孢杆菌、枯草芽孢杆菌、长柄木霉[3]、米曲霉、大麦芽、酸解支链淀粉芽孢杆菌)	青贮玉米、玉米、玉米蛋白粉、豆粕、小麦、次粉、大麦、高粱、燕麦、豌豆、木薯、小米、大米
	α-半乳糖苷酶(产自黑曲霉)	豆粕

类别	通用名称	适用范围
酶制剂	纤维素酶(产自长柄木霉[3]、黑曲霉、孤独腐质霉、绳状青霉)	玉米、大麦、小麦、麦麸、黑麦、高粱
	β-葡聚糖酶(产自黑曲霉、枯草芽孢杆菌、长柄木霉[3]、绳状青霉、解淀粉芽孢杆菌、棘孢曲霉)	小麦、大麦、菜籽粕、小麦副产物、去壳燕麦、黑麦、黑小麦、高粱
	葡萄糖氧化酶(产自特异青霉、黑曲霉)	葡萄糖
	脂肪酶(产自黑曲霉、米曲霉)	动物或植物源性油脂或脂肪
	麦芽糖酶(产自枯草芽孢杆菌)	麦芽糖
	β-甘露聚糖酶(产自迟缓芽孢杆菌、黑曲霉、长柄木霉[3])	玉米、豆粕、椰子粕
	果胶酶(产自黑曲霉、棘孢曲霉)	玉米、小麦
	植酸酶(产自黑曲霉、米曲霉、长柄木霉[3]、毕赤酵母)	玉米、豆粕等含有植酸的植物籽实及其加工副产品类饲料原料
	蛋白酶(产自黑曲霉、米曲霉、枯草芽孢杆菌、长柄木霉[3])	植物和动物蛋白
	角蛋白酶(产自地衣芽孢杆菌)	植物和动物蛋白
	木聚糖酶(产自米曲霉、孤独腐质霉、长柄木霉[3]、枯草芽孢杆菌、绳状青霉、黑曲霉、毕赤酵母)	玉米、大麦、黑麦、小麦、高粱、黑小麦、燕麦
微生物	地衣芽孢杆菌、枯草芽孢杆菌、两歧双歧杆菌、粪肠球菌、屎肠球菌、乳酸肠球菌、嗜酸乳杆菌、干酪乳杆菌、德式乳杆菌乳酸亚种(原名:乳酸乳杆菌)、植物乳杆菌、乳酸片球菌、戊糖片球菌、产朊假丝酵母、酿酒酵母、沼泽红假单胞菌、婴儿双歧杆菌、长双歧杆菌、短双歧杆菌、青春双歧杆菌、嗜热链球菌、罗伊氏乳杆菌、动物双歧杆菌、黑曲霉、米曲霉、迟缓芽孢杆菌、短小芽孢杆菌、纤维二糖乳杆菌、发酵乳杆菌、德氏乳杆菌保加利亚亚种(原名:保加利亚乳杆菌)	养殖动物
	产丙酸丙酸杆菌、布氏乳杆菌	青贮饲料、牛饲料
	副干酪乳杆菌	青贮饲料
	凝结芽孢杆菌	肉鸡、生长育肥猪和水产养殖动物
	侧孢短芽孢杆菌(原名:侧孢芽孢杆菌)	肉鸡、肉鸭、猪、虾
非蛋白氮	尿素、碳酸氢铵、硫酸铵、液氨、磷酸二氢铵、磷酸氢二铵、异丁叉二脲、磷酸脲、氯化铵、氨水	反刍动物
抗氧化剂	乙氧基喹啉、丁基羟基茴香醚(BHA)、二丁基羟基甲苯(BHT)、没食子酸丙酯、特丁基对苯二酚(TBHQ)、茶多酚、维生素 E、L-抗坏血酸-6-棕榈酸酯	养殖动物
	迷迭香提取物	宠物

禽内科病

类别	通用名称		适用范围
防腐剂、防霉剂和酸度调节剂	甲酸、甲酸铵、甲酸钙、乙酸、双乙酸钠、丙酸、丙酸铵、丙酸钠、丙酸钙、丁酸、丁酸钠、乳酸、苯甲酸、苯甲酸钠、山梨酸、山梨酸钠、山梨酸钾、富马酸、柠檬酸、柠檬酸钾、柠檬酸钠、柠檬酸钙、酒石酸、苹果酸、磷酸、氢氧化钠、碳酸氢钠、氯化钾、碳酸钠		养殖动物
	乙酸钙		畜禽
	焦磷酸钠、三聚磷酸钠、六偏磷酸钠、焦亚硫酸钠、焦磷酸一氢三钠		宠物
	二甲酸钾		猪
	氯化铵		反刍动物
	亚硫酸钠		青贮饲料
着色剂	β-胡萝卜素、辣椒红、β-阿朴-8'-胡萝卜素醛、β-阿朴-8'-胡萝卜素酸乙酯、β,β-胡萝卜素-4,4-二酮(斑蝥黄)		家禽
	天然叶黄素(源自万寿菊)		家禽、水产养殖动物
	虾青素、红法夫酵母		水产养殖动物、观赏鱼
	柠檬黄、日落黄、诱惑红、胭脂红、靛蓝、二氧化钛、焦糖色(亚硫酸铵法)、赤藓红		宠物
	苋菜红、亮蓝		宠物和观赏鱼
调味和诱食物质[4]	甜味物质	糖精、糖精钙、新甲基橙皮苷二氢查耳酮	猪
		糖精钠、山梨糖醇	养殖动物
	香味物质	食品用香料[5]、牛至香酚	
	其他	谷氨酸钠、5'-肌苷酸二钠、5'-鸟苷酸二钠、大蒜素	
黏结剂、抗结块剂、稳定剂和乳化剂	α-淀粉、三氧化二铝、可食脂肪酸钙盐、可食用脂肪酸单/双甘油酯、硅酸钙、硅铝酸钠、硫酸钙、硬脂酸钙、甘油脂肪酸酯、聚丙烯酸树脂II、山梨醇酐单硬脂酸酯、聚氧乙烯20山梨醇酐单油酸酯、丙二醇、二氧化硅、卵磷脂、海藻酸钠、海藻酸钾、海藻酸铵、琼脂、瓜尔胶、阿拉伯树胶、黄原胶、甘露糖醇、木质素磺酸盐、羧甲基纤维素钠、聚丙烯酸钠、山梨醇酐脂肪酸酯、蔗糖脂肪酸酯、焦磷酸二钠、单硬脂酸甘油酯、聚乙二醇400、磷脂、聚乙二醇甘油蓖麻酸酯		养殖动物
	丙三醇		猪、鸡和鱼
	硬脂酸		猪、牛和家禽
	卡拉胶、决明胶、刺槐豆胶、果胶、微晶纤维素		宠物
多糖和寡糖	低聚木糖(木寡糖)		鸡、猪、水产养殖动物
	低聚壳聚糖		猪、鸡和水产养殖动物
	半乳甘露寡糖		猪、肉鸡、兔和水产养殖动物
	果寡糖、甘露寡糖、低聚半乳糖		养殖动物
	壳寡糖(寡聚 β-(1-4)-2-氨基-2-脱氧-D-葡萄糖)($n=2\sim10$)		猪、鸡、肉鸭、虹鳟鱼

类别	通用名称	适用范围
多糖和寡糖	β-1,3-D-葡聚糖(源自酿酒酵母)	水产养殖动物
	N,O-羧甲基壳聚糖	猪、鸡
其他	天然类固醇萨洒皂角苷(源自丝兰)、天然三萜烯皂角苷(源自可来雅皂角树)、二十二碳六烯酸(DHA)	养殖动物
	糖萜素(源自山茶籽饼)	猪和家禽
	乙酰氧肟酸	反刍动物
	苜蓿提取物(有效成分为苜蓿多糖、苜蓿黄酮、苜蓿皂苷)	仔猪、生长育肥猪、肉鸡
	杜仲叶提取物(有效成分为绿原酸、杜仲多糖、杜仲黄酮)	生长育肥猪、鱼、虾
	淫羊藿提取物(有效成分为淫羊藿苷)	鸡、猪、绵羊、奶牛
	共轭亚油酸	仔猪、蛋鸡
	4,7-二羟基异黄酮(大豆黄酮)	猪、产蛋家禽
	地顶孢霉培养物	猪、鸡
	紫苏籽提取物(有效成分为 α-亚油酸、亚麻酸、黄酮)	猪、肉鸡和鱼
	硫酸软骨素	猫、狗
	植物甾醇(源于大豆油/菜籽油,有效成分为 β-谷甾醇、菜油甾醇、豆甾醇)	家禽、生长育肥猪

注:1. 所列物质包括无水和结晶水形态;

2. 酶制剂的适用范围为典型底物,仅作为推荐,并不包括所有可用底物;

3. 目录中所列长柄木霉亦可称为长枝木霉或李氏木霉;

4. 以一种或多种调味物质或诱食物质添加载体等复配而成的产品可称为调味剂或诱食剂,其中:以一种或多种甜味物质添加载体等复配而成的产品可称为甜味剂;以一种或多种香味物质添加载体等复配而成的产品可称为香味剂;

5. 食品用香料见《食品安全国家标准 食品添加剂使用卫生标准》(GB 2760)中食品用香料名单。

附表 1-2 监测期内的新饲料和新饲料添加剂品种目录

序号	产品名称	申请单位	适用范围	批准时间
1	藤茶黄酮	北京伟嘉人生物技术有限公司	鸡	2008 年 12 月
2	溶菌酶	上海艾魁英生物科技有限公司	仔猪、肉鸡	2008 年 12 月
3	丁酸梭菌	杭州惠嘉丰牧科技有限公司	断奶仔猪、肉仔鸡	2009 年 07 月
4	苏氨酸锌螯合物	江西民和科技有限公司	猪	2009 年 12 月
5	饲用黄曲霉毒素 B₁ 分解酶(产自发光假蜜环菌)	广州科仁生物工程有限公司	肉鸡、仔猪	2010 年 12 月
6	褐藻酸寡糖	大连中科格莱克生物科技有限公司	肉鸡、蛋鸡	2011 年 12 月
7	低聚异麦芽糖	保龄宝生物股份有限公司	蛋鸡	2012 年 07 月

附录Ⅱ 禁止在饲料和动物饮用水中使用的药物品种目录

（农业部公告第 176 号）

为加强饲料、兽药和人用药品管理，防止在饲料生产、经营、使用和动物饮用水中超范围、超剂量使用兽药和饲料添加剂，杜绝滥用违禁药品的行为，根据《饲料和饲料添加剂管理条例》、《兽药管理条例》、《药品管理法》的有关规定，现公布《禁止在饲料和动物饮用水中使用的药物品种目录》，并就有关事项公告如下：

一、凡生产、经营和使用的营养性饲料添加剂和一般饲料添加剂，均应属于《允许使用的饲料添加剂品种目录》（农业部第 105 号公告）中规定的品种及经审批公布的新饲料添加剂，生产饲料添加剂的企业需办理生产许可证和产品批准文号，新饲料添加剂需办理新饲料添加剂证书，经营企业必须按照《饲料和饲料添加剂管理条例》第十六条、第十七条、第十八条的规定从事经营活动，不得经营和使用未经批准生产的饲料添加剂。

二、凡生产含有药物饲料添加剂的饲料产品，必须严格执行《饲料药物添加剂使用规范》（农业部 168 号公告，以下简称《规范》）的规定，不得添加《规范》附录二中的饲料药物添加剂。凡生产含有《规范》附录一中的饲料药物添加剂的饲料产品，必须执行《饲料标签》标准的规定。

三、凡在饲养过程中使用药物饲料添加剂，需按照《规范》规定执行，不得超范围、超剂量使用药物饲料添加剂。使用药物饲料添加剂必须遵守休药期、配伍禁忌等有关规定。

四、人用药品的生产、销售必须遵守《药品管理法》及相关法规的规定。未办理兽药、饲料添加剂审批手续的人用药品，不得直接用于饲料生产和饲养过程。

五、生产、销售《禁止在饲料和动物饮用水中使用的药物品种目录》所列品种的医药企业或个人，违反《药品管理法》第四十八条规定，向饲料企业和养殖企业（或个人）销售的，由药品监督管理部门按照《药品管理法》第七十四条的规定给予处罚；生产、销售《禁止在饲料和动物饮用水中使用的药物品种目录》所列品种的兽药企业或个人，向饲料企业销售的，由兽药行政管理部门按照《兽药管理条例》第四十二条的规定给予处罚；违反《饲料和饲料添加剂管理条例》第十七条、第十八条、第十九条规定，生产、经营、使用《禁止在饲料和动物饮用水中使用的药物品种目录》所列品种的饲料和饲料添加剂生产企业或个人，由饲料管理部门按照《饲料和饲料添加剂管理条例》第二十五条、第二十八条、第二十九条的规定给予处罚。其他单位和个人生产、经营、使用《禁止在饲料和动物饮用水中使用的药物品种目录》所列品种，用于饲料生产和饲养过程中的，上述有关部门按照谁发现谁查处的原则，依据各自法律法规予以处罚；构成犯罪的，要移送司法机关，依法追究刑事责任。

六、各级饲料、兽药、食品和药品监督管理部门要密切配合，协同行动，加大对饲料生产、经营、使用和动物饮用水中非法使用违禁药物违法行为的打击力度。要加快制定并完善饲料安全标准及检测方法、动物产品有毒有害物质残留标准及检测方法，为行政执法提供技术依据。

七、各级饲料、兽药和药品监督管理部门要进一步加强新闻宣传和科普教育。要将查处饲料和饲养过程中非法使用违禁药物列为宣传工作重点,充分利用各种新闻媒体宣传饲料、兽药和人用药品的管理法规,追踪大案要案,普及饲料、饲养和安全使用兽药知识,努力提高社会各方面对兽药使用管理重要性的认识,为降低药物残留危害,保证动物性食品安全创造良好的外部环境。

附:禁止在饲料和动物饮用水中使用的药物品种目录

一、肾上腺素受体激动剂

1. 盐酸克仑特罗(Clenbuterol Hydrochloride)中华人民共和国药典(以下简称药典)2000 年二部 P605。β_2 肾上腺素受体激动药。

2. 沙丁胺醇(Salbutamol)药典 2000 年二部 P316。β_2 肾上腺素受体激动药。

3. 硫酸沙丁胺醇(Salbutamol Sulfate)药典 2000 年二部 P870。β_2 肾上腺素受体激动药。

4. 莱克多巴胺(Ractopamine)一种 β 兴奋剂,美国食品和药物管理局(FDA)已批准,中国未批准。

5. 盐酸多巴胺(Dopamine Hydrochloride)药典 2000 年二部 P591。多巴胺受体激动药。

6. 西马特罗(Cimaterol)美国氰胺公司开发的产品,一种 β 兴奋剂,FDA 未批准。

7. 硫酸特布他林(Terbutaline Sulfate)药典 2000 年二部 P890。β_2 肾上腺受体激动药。

二、性激素

8. 己烯雌酚(Diethylstibestrol)药典 2000 年二部 P42。雌激素类药。

9. 雌二醇(Estradiol)药典 2000 年二部 P1005。雌激素类药。

10. 戊酸雌二醇(Estradiol Valerate)药典 2000 年二部 P124。雌激素类药。

11. 苯甲酸雌二醇(Estradiol Benzoate)药典 2000 年二部 P369。雌激素类药。中华人民共和国兽药典(以下简称兽药典)2000 年版一部 P109。雌激素类药。用于发情不明显动物的催情及胎衣滞留、死胎的排除。

12. 氯烯雌醚(Chlorotrianisene)药典 2000 年二部 P919。

13. 炔诺醇(Ethinylestradiol)药典 2000 年二部 P422。

14. 炔诺醚(Quinestrol)药典 2000 年二部 P424。

15. 醋酸氯地孕酮(Chlormadinone acetate)药典 2000 年二部 P1037。

16. 左炔诺孕酮(Levonorgestrel)药典 2000 年二部 P107。

17. 炔诺酮(Norethisterone)药典 2000 年二部 P420。

18. 绒毛膜促性腺激素(绒促性素)(Chorionic Gonadotrophin)药典 2000 年二部 P534。促性腺激素药。兽药典 2000 年版一部 P146。激素类药。用于性功能障碍、习惯性流产及卵巢囊肿等。

19. 促卵泡生长激素(尿促性素主要含卵泡刺激 FSHT 和黄体生成素 LH)(Menotropins)药典 2000 年二部 P321。促性腺激素类药。

三、蛋白同化激素

20. 碘化酪蛋白(Iodinated Casein)蛋白同化激素类,为甲状腺素的前驱物质,具有类似甲状腺素的生理作用。

21. 苯丙酸诺龙及苯丙酸诺龙注射液(Nandrolone phenylpropionate)药典 2000 年二部 P365。

四、精神药品

22. (盐酸)氯丙嗪(Chlorpromazine Hydrochloride) 药典 2000 年二部 P676。抗精神病药。兽药典 2000 年版一部 P177。镇静药。用于强化麻醉以及使动物安静等。

23. 盐酸异丙嗪(Promethazine Hydrochloride) 药典 2000 年二部 P602。抗组胺药。兽药典 2000 年版一部 P164。抗组胺药。用于变态反应性疾病,如荨麻疹、血清病等。

24. 安定(地西泮)(Diazepam) 药典 2000 年二部 P214。抗焦虑药、抗惊厥药。兽药典 2000 年版一部 P61。镇静药、抗惊厥药。

25. 苯巴比妥(Phenobarbital) 药典 2000 年二部 P362。镇静催眠药、抗惊厥药。兽药典 2000 年版一部 P103。巴比妥类药。缓解脑炎、破伤风、士的宁中毒所致的惊厥。

26. 苯巴比妥钠(Phenobarbital Sodium) 兽药典 2000 年版一部 P105。巴比妥类药。缓解脑炎、破伤风、士的宁中毒所致的惊厥。

27. 巴比妥(Barbital) 兽药典 2000 年版一部 P27。中枢抑制和增强解热镇痛。

28. 异戊巴比妥(Amobarbital) 药典 2000 年二部 P252。催眠药、抗惊厥药。

29. 异戊巴比妥钠(Amobarbital Sodium) 兽药典 2000 年版一部 P82。巴比妥类药。用于小动物的镇静、抗惊厥和麻醉。

30. 利血平(Reserpine) 药典 2000 年二部 P304。抗高血压药。

31. 艾司唑仑(Estazolam)。

32. 甲丙氨脂(Meprobamate)。

33. 咪达唑仑(Midazolam)。

34. 硝西泮(Nitrazepam)。

35. 奥沙西泮(Oxazepam)。

36. 匹莫林(Pemoline)。

37. 三唑仑(Triazolam)。

38. 唑吡旦(Zolpidem)。

39. 其他国家管制的精神药品。

五、各种抗生素滤渣

40. 抗生素滤渣 该类物质是抗生素类产品生产过程中产生的工业三废,因含有微量抗生素成分,在饲料和饲养过程中使用后对动物有一定的促生长作用。但对养殖业的危害很大,一是容易引起耐药性,二是由于未做安全性试验,存在各种安全隐患。

附录Ⅲ　食品动物禁用的兽药及其他化合物清单

（农业部公告第 193 号）

为保证动物源性食品安全，维护人民身体健康，根据《兽药管理条例》的规定，我部制定了《食品动物禁用的兽药及其他化合物清单》（以下简称《禁用清单》），现公告如下：

一、《禁用清单》序号 1 至 18 所列品种的原料药及其单方、复方制剂产品停止生产，已在兽药国家标准、农业部专业标准及兽药地方标准中收载的品种，废止其质量标准，撤销其产品批准文号；已在我国注册登记的进口兽药，废止其进口兽药质量标准，注销其《进口兽药登记许可证》。

二、截至 2002 年 5 月 15 日，《禁用清单》序号 1～18 所列品种的原料药及其单方、复方制剂产品停止经营和使用。

三、《禁用清单》序号 19 至 21 所列品种的原料药及其单方、复方制剂产品不准以抗应激、提高饲料报酬、促进动物生长为目的在食品动物饲养过程中使用。

附表 3-1　食品动物禁用的兽药及其他化合物清单

序号	兽药及其他化合物名称	禁止用途	禁用动物
1	β-兴奋剂类：克仑特罗 Clenbuterol、沙丁胺醇 Salbutamol、西马特罗 Cimaterol 及其盐、酯及制剂	所有用途	所有食品动物
2	性激素类：己烯雌酚 Diethylstilbestrol 及其盐、酯及制剂	所有用途	所有食品动物
3	具有雌激素样作用的物质：玉米赤霉醇 Zeranol、去甲雄三烯醇酮 Trenbolone、醋酸甲孕酮 Mengestrol, Acetate 及制剂	所有用途	所有食品动物
4	氯霉素 Chloramphenicol 及其盐、酯（包括：琥珀氯霉素 Chloramphenicol Succinate）及制剂	所有用途	所有食品动物
5	氨苯砜 Dapsone 及制剂	所有用途	所有食品动物
6	硝基呋喃类：呋喃唑酮 Furazolidone、呋喃它酮 Furalta-done、呋喃苯烯酸钠 Nifurstyrenate sodium 及制剂	所有用途	所有食品动物
7	硝基化合物：硝基酚钠 Sodium nitrophenolate、硝呋烯腙 Nitrovin 及制剂	所有用途	所有食品动物
8	催眠、镇静类：安眠酮 Methaqualone 及制剂	所有用途	所有食品动物
9	林丹（丙体六六六）Lindane	杀虫剂	所有食品动物
10	毒杀芬（氯化烯）Camahechlor	杀虫剂、清塘剂	所有食品动物
11	呋喃丹（克百威）Carbofuran	杀虫剂	所有食品动物
12	杀虫脒（克死螨）Chlordimeform	杀虫剂	所有食品动物
13	双甲脒 Amitraz	杀虫剂	水生食品动物
14	酒石酸锑钾 Antimonypotassiumtartrate	杀虫剂	所有食品动物

禽内科病

续附表 3-1

序号	兽药及其他化合物名称	禁止用途	禁用动物
15	锥虫肿胺 Tryparsamide	杀虫剂	所有食品动物
16	孔雀石绿 Malachitegreen	抗菌、杀虫剂	所有食品动物
17	五氯酚酸钠 Pentachlorophenolsodium	杀螺剂	所有食品动物
18	各种汞制剂包括：氯化亚汞（甘汞）Calomel，硝酸亚汞 Mercurous nitrate、醋酸汞 Mercurous acetate、吡啶基醋酸汞 Pyridyl mercurous acetate	杀虫剂	所有食品动物
19	性激素类：甲基睾丸酮 Methyltestosterone、丙酸睾酮 Testosterone Propionate、苯丙酸诺龙 Nandrolone Phenylpropionate、苯甲酸雌二醇 Estradiol Benzoate 及其盐、酯及制剂	促生长	所有食品动物
20	催眠、镇静类：氯丙嗪 Chlorpromazine、地西泮（安定）Diazepam 及其盐、酯及制剂	促生长	所有食品动物
21	硝基咪唑类：甲硝唑 Metronidazole、地美硝唑 Dimetronidazole 及其盐、酯及制剂	促生长	所有食品动物

注：食品动物是指各种供人食用或其产品供人食用的动物。

附 录

附录Ⅳ 饲料添加剂安全使用规范

（农业部公告第 1224 号）

　　根据《饲料和饲料添加剂管理条例》有关规定，为指导饲料企业和养殖单位科学合理使用饲料添加剂，提高饲料和养殖产品质量安全水平，保护生态环境，促进饲料产业和养殖业持续健康发展，我部制定了《饲料添加剂安全使用规范》（以下简称《规范》）。

　　一、本次公告的《规范》中，涉及《饲料添加剂品种目录（2008）》中氨基酸、维生素、微量元素和常量元素的部分品种，其余饲料添加剂品种的《规范》正在制定过程中，待制定完成后将陆续公布。

　　二、《规范》中含量规格一栏仅公布了饲料添加剂产品的主要规格。

　　三、《规范》中"在配合饲料或全混合日粮中的最高限量"为强制性指标，饲料企业和养殖单位应严格遵照执行。

饲料添加剂安全使用规范

附录Ⅴ 饲料卫生标准

（GB 13078—2001）

1. 主题内容与适用范围

本标准规定了饲料中的有害物质及微生物允许量。

本标准适用于加工、经销、贮运和进出口的鸡配合饲料、猪配、混合饲料和饲料原料。

2. 有害物质及微生物允许量

有害物质及微生物允许量见附表 5-1。

附表 5-1 饲料卫生指标检测结果判断允许误差

序号	卫生指标项目	产品名称	指标	试验方法	备注
1	砷（以总砷计）的允许量（每千克产品中）/mg	石粉	≤2.0	GB/T 13079	不包括国家主管部门批准使用的有机砷制剂中的砷含量
		硫酸亚铁、硫酸镁			
		磷酸盐	≤20.0		
		沸石粉、膨润土、麦饭石	≤10.0		
		硫酸铜、硫酸锰、硫酸锌、碘化钾、碘酸钙、氯化钴	≤5.0		
		氧化锌	≤10.0		
		鱼粉、肉粉、肉骨粉	≤10.0		
		家禽、猪配合饲料	≤2.0		
		牛、羊精料补充饲料	≤10.0		
		猪、家禽浓缩饲料			以在配合饲料中20%的添加量计
		猪、家禽添加剂预混合饲料			以在配合饲料中1%的添加量计
2	铅（以 Pb 计）的允许量（每千克产品中）/mg	生长鸭、产蛋鸭、肉鸭配合饲料，鸡、猪配合饲料	≤5	GB/T 13080	
		奶牛、肉牛精料补充饲料	≤8		
		产蛋鸡、肉用仔鸡浓缩饲料，仔猪、生长肥育猪浓缩饲料	≤13		以在配合饲料中20%的添加量计
		磷酸盐	≤30		
		产蛋鸡、肉用仔鸡复合预混合饲料，仔猪、生长肥育猪复合预混合饲料	≤40		以在配合饲料中1%的添加量计
3	氟（以 F 计）的允许量（每千克产品中）/mg	鱼粉	≤500	GB/T 13080	高氟饲料用 HG 2636—1994 中4.4 条
		石粉	≤2000		

序号	卫生指标项目	产品名称	指标	试验方法	备注
4	氟(以 F 计)的允许量（每千克产品中）/mg	磷酸盐	≤1800	HG 2636	高氟饲料用 HG 2636—1994 中 4.4 条
		肉用仔鸡、生长鸡配合饲料	≤250	GB/T 13083	
		产蛋鸡配合饲料	≤350		
		猪配合饲料	≤100		
		骨粉、肉骨粉	≤1800		
		生长鸭、肉鸭配合饲料	≤200		
		产蛋鸭配合饲料	≤250		
		牛（奶牛、肉牛）料料补充料	≤50		
		猪、禽添加剂预混合饲料	≤100		
		猪禽浓缩饲料	按添加比例折算后，与相应猪、禽配合饲料规定值相同		
5	霉菌的允许量（每千克产品中）霉菌总数/×10³个	玉米	<40	GB/T 13092	限量饲喂：40～100，禁用：>100
		小麦麸、米糠			限量饲喂：50～100，禁用：>80
		豆饼(粕)、棉籽饼(粕)、菜籽饼(粕)	<50		限量饲喂：50～100，禁用：>100
		鱼粉、肉骨粉	<20		限量饲喂：20～50，禁用：>50
		鸭配合饲料	<35		
		猪、鸡配合饲料；猪、鸡浓缩饲料；奶牛、肉牛料料补充料	<45		
6	黄曲霉毒素 B₁ 的允许量（每千克产品中）/μg	玉米，花生饼(粕)、棉籽饼(粕)、菜籽饼(粕)	≤50	GB/T 17480 或 GB/T 8381	
		豆饼(粕)	≤30		
		仔猪配合饲料及浓缩饲料	≤10		
		生长肥育猪、种猪配合饲料及浓缩饲料	≤20		
		肉用仔鸡前期、雏鸡配合饲料及浓缩饲料	≤10		
		肉用仔鸡后期、生长鸡、产蛋鸡配合饲料及浓缩饲料	≤20		
		肉用仔鸭前期、雏鸭配合饲料及浓缩饲料	≤10		

禽内科病

序号	卫生指标项目	产品名称	指标	试验方法	备注
7	黄曲霉毒素 B_1 的允许量（每千克产品中）/μg	肉用仔鸭前期、雏鸭配合饲料及浓缩饲料	≤15	GB/T 17480 或 GB/T 8381	
		鹌鹑配合饲料及浓缩饲料	≤20		
		奶牛精料补充料	≤10		
		肉牛精料补充料	≤50		
8	铬（以 Cr 计）的允许量（每千克产品中）/mg	皮革蛋白粉	≤200	GB/T 13088	
		鸡、猪配合饲料	≤10		
9	汞（以 Hg 计）的允许量（每千克产品中）/mg	鱼粉	≤0.5	GB/T 13081	
		石粉鸡配合饲料、猪配合饲料	≤0.1		
10	镉（以 Cd 计）的允许量（每千克产品中）/mg	米糠	≤1.0	GB/T 13082	
		鱼粉	≤2.0		
		石粉	≤0.75		
		鸡配合饲料、猪配合饲料	≤0.5		
11	氰化物（以 HCN 计）的允许量（每千克产品中）/mg	木薯干	≤100	GB/T 13084	
		胡麻饼（粕）	≤350		
		鸡配合饲料、猪配合饲料	≤50		
12	亚硝酸盐（以 $NaNO_2$ 计）的允许量（每千克产品中）/mg	鱼粉	≤60	GB/T13085	
		鸡配合饲料、猪配合饲料	≤15		
13	游离棉酚的允许量（每千克产品中）/mg	棉籽饼（粕）	≤1200	GB/T 13086	
		肉用仔鸡、生长鸡配合饲料	≤100		
		产蛋鸡配合饲料	≤20		
		生长肥育猪配合饲料	≤60		
14	异硫氰酸酯（以丙烯基异硫氰酸酯计）的允许量（每千克产品中）/mg	菜籽饼（粕）	≤4000	GB/T 13087	
		鸡配合饲料 生长肥育猪配合饲料	≤500		
15	噁唑烷硫酮的允许量（每千克产品中）/mg	肉用仔鸡、生长鸡配合饲料	≤1000	GB/T 13089	
		产蛋鸡配合饲料	≤800		
16	六六六的允许量（每千克产品中）/mg	米糠、小麦麸、大豆饼（粕）	≤0.05	GB/T 13090	
		肉用仔鸡、生长鸡配合饲料 产蛋鸡配合饲料	≤0.3		
		生长肥育猪配合饲料	≤0.4		

続附表 5-1

序号	卫生指标项目	产品名称	指标	试验方法	备注
17	滴滴涕的允许量(每千克产品中)/mg	米糠、小麦麸、大豆饼(粕)、鱼粉	≤0.02	GB/T 13090	
		鸡配合饲料、猪配合饲料	≤0.2		
18	沙门氏杆菌	饲料	不得检出	GB/T 13091	
19	细菌总数的允许量(每千克产品中)细菌总数/10⁶个	鱼粉	<2	GB/T 13093	限量饲喂:2～5 禁用:>5

注：1. 所列允许量均以干物质基础含量为 88% 的饲料为基础计算。

2. 浓缩饲料、添加剂预混合饲料添加比例与本标准备注不同时,其卫生指标允许量可以进行折算。

附录Ⅵ 养鸡场带鸡消毒技术要求

（GB/T 25886—2010）

1. 范围

本标准规定了养鸡场带鸡消毒的术语和定义、要求、操作步骤及消毒方法。

本标准适用于养鸡场鸡舍的带鸡消毒。

2. 规范性引用文件

下列文件中的条款通过本标准的引用而成为本标准的条款。凡是注日期的引用文件，其随后所有的修改单(不包括勘误的内容)或修订版均不适用于本标准，然而，鼓励根据本标准达成协议的各方研究是否可使用这些文件的最新版本。凡是不注日期的引用文件，其最新版本适用于本标准。

NYJ/T 05-2005 集约化养鸡场建设标准

NY/T 388 畜禽场环境质量标准

NY 5027 无公害食品 畜禽饮用水水质

3. 术语和定义

下列术语和定义适用于本标准。

3.1 带鸡消毒

鸡舍内在鸡只存在的条件下，用一定浓度的消毒剂对舍内鸡只、空气、饲具及环境进行消毒。

4. 要求

4.1 消毒剂

4.1.1 刺激性

在使用浓度下带鸡消毒，对鸡的生长和产蛋无不良影响。

4.1.2 毒性

宜选用对鸡只无急性和慢性毒性作用，无致癌、致畸、致突变作用的中、高效消毒剂。

4.1.3 残留

消毒剂在鸡肉或鸡蛋中残留不超标，不影响肉、蛋品质。

4.1.4 环保

在使用浓度下对环境无不良影响。

4.2 消毒器械

4.2.1 射程：≥5 m。

4.2.2 雾滴大小：5～20 μm。

4.2.3 噪声：应符合 NYJ/T 05—2005 中 10.0.5 的要求。

4.3 温度

舍内饲养温度应符合 NY/T 388 的要求，实施带鸡消毒前需将舍内温度提高 3℃。

4.4 湿度

符合 NY/T 388 的要求。

5.操作步骤

5.1 准备

5.1.1 器具

喷雾器、电缆线、湿度计、温度计等物品。

5.1.2 配制消毒剂

消毒剂的种类和使用浓度可参见附录 A;按使用说明配制消毒剂,配制消毒剂的水温应与舍内温度一致,水质应符合 NY 5027 的要求;消毒剂宜交替使用,现配现用。

5.1.3 清理鸡舍

喷雾消毒前要清理鸡舍地面、墙壁、物品上的粪便和灰尘。

5.1.4 暂停通风

在喷雾消毒前应先关门窗,关闭通风设备,暂停通风。

5.1.5 人员防护

喷雾消毒时着常规工作服,戴医用防护口罩、工作帽、护目镜、橡胶手套和穿胶靴;进入另一鸡舍消毒前应更换新的防护用品。

5.2 消毒时间

宜在早晨、傍晚或将鸡舍遮光后进行,每次消毒时间宜相对固定;在消毒时应避开断喙、断趾、剪冠、转群等引起的应激反应时期;为不干扰疫苗的免疫效果,在免疫前12h至免疫后24 h内,停止带鸡消毒;应避开高温、高湿、大风和气温骤降等恶劣天气。

5.3 消毒频次

1～4 周龄每周喷雾消毒 1～2 次;4 周龄以上每周 1～3 次;发生疫情时,每日 1 次。

5.4 消毒顺序

从内向外依次退步喷雾消毒,按由上到下、由左至右的顺序进行,雾程可根据实际情况调节,先消毒舍顶、墙壁,然后消毒空气、鸡笼、鸡群,最后消毒地面和粪便;鸡舍较大时,可分段关闭窗户进行喷雾消毒。

6.消毒方法

6.1 每次喷雾开始时动作要慢、要轻,喷雾消毒人员不可大声喧哗,以减少应激反应;喷头宜 45°仰角喷雾,在距鸡体 70～80 cm 的高处进行喷雾,避开鸡头,喷雾应均匀,鸡只体表以潮湿为限,不应形成水滴现象。

6.2 消毒器具时应避开饲料,器具表面以略湿为度;对地面和粪便的消毒应彻底。

6.3 空间喷雾量为 30～50 mL/m³,地面和粪便喷雾量为 200～300 mL/m²,泥土墙喷雾量为 150～300 mL/m²,水泥墙和石灰墙喷雾量分别为 100 mL/m²,以表面不流药液为宜。

6.4 一般情况下,喷雾消毒后密闭 5～20 min 后恢复通风;夏天喷雾消毒后应立即通风,冬天要待羽毛干后再通风。

6.5 带鸡消毒工作应填写工作记录单。

带鸡消毒常用消毒剂的种类、使用浓度和作用时间见附表 6-1。

禽内科病

附表 6-1　带鸡消毒常用消毒剂

消毒剂种类	使用浓度/(mg/L)	作用时间/min
双链季铵盐类消毒剂	1 000～2 000	5～20
酸性氧化电位水	使用其原液(有效氯不低于 50～70)	5～20
二溴海因	500～1 000	5～20
含氯消毒剂	1 000～2 000	5～20
过氧乙酸	3 000	5～20

每次进行带鸡消毒工作,应按附表 6-2 填写工作记录单。

附表 6-2　带鸡消毒工作记录单

禽舍组号:

日期	日龄	消毒起止时间	消毒剂与浓度/(mg/L)	雾滴大小/μm	面积(体积)/m²(m³)	药液用量/kg	鸡只状态	消毒人

参 考 文 献

[1] 邱祥聘. 家禽学. 3 版. 成都：四川科学技术出版社，1993.

[2] 豆卫. 禽生产. 北京：中国农业出版社，2001.

[3] 赵聘，黄炎坤. 家禽生产技术. 北京：中国农业大学出版社，2011.

[4] 臧素敏. 养鸡与鸡病防治. 3 版. 北京：中国农业大学出版社，2012.

[5] 王新卫. 禽病诊治与合理用药. 郑州：河南科学技术出版社，2011.

[6] 黄占欣. 鸡病诊治关键技术一点通. 石家庄：河北科学技术出版社，2004.

[7] 谈建明. 适用禽病学. 同济大学出版社，1994.

[8] Y. M. SAIF(美). 禽病学. 北京：中国农业出版社，2005.

[9] 陈钟鸣. 养鸡与鸡病防治. 北京：中国农业出版社，2005.

[10] 杨慧芳. 养禽与禽病防治. 北京：中国农业出版社，2006.

[11] 王新华. 鸡病类症鉴别诊断彩色图谱. 北京：中国农业出版社，2009.

[11] 宋宇轩. 舍饲肉鸡. 呼和浩特：内蒙古科学技术出版社，2004.

[11] 王新华. 鸡病诊治彩色图谱. 北京：中国农业出版社，2002.

[11] 焦库华. 水禽常见病防治图谱. 上海：上海科学技术出版社，2005.

[13] 赵希彦. 畜禽环境卫生. 北京：化学工业出版社，2009.

[14] 郑万来，徐英. 养禽生产技术. 北京：中国农业大学出版社，2014.

[15] 杨孝列，刘瑞玲. 动物营养与饲料. 北京：中国农业大学出版社，2015.

[16] 赵聘，黄炎坤. 家禽生产技术. 北京：中国农业大学出版社，2011.

[17] 杨宁. 现代养鸡生产. 北京：中国农业大学出版社，2012.

[18] 中国饲料数据库. 中国饲料成分及营养价值表（2014 年第 25 版）. 中国饲料，2014：21.